Mr. Know All

从这里，发现更宽广的世界……

Mr. Know All

小书虫读科学

Mr. Know All

十万个为什么

不可思议的濒灭动物

《指尖上的探索》编委会 组织编写

小书虫读科学

THE BIG BOOK OF
TELL ME WHY

作家出版社

策划出品 悦读名品 图片服务 悦读名品 123RF

在动物世界里，有蚂蚁和蜘蛛这样的大家族繁荣兴旺着，也有许多种动物处于濒临灭绝的危境：华南虎、白鲟、鸭嘴兽……本书针对青少年设计，图文并茂地介绍了濒灭动物的困境、不可思议的陆生濒灭动物、不可思议的水生濒灭动物、只有中国还有的濒灭动物和濒灭动物需要保护五方面内容。读者可以从中体会到濒灭动物的无奈与艰辛。

图书在版编目（CIP）数据

不可思议的濒灭动物 /《指尖上的探索》编委会编. --北京：作家出版社，2015. 11
（小书虫读科学 . 十万个为什么）
ISBN 978-7-5063-8474-2

Ⅰ. ①不… Ⅱ. ①指… Ⅲ. ①濒危动物—青少年读物 Ⅳ. ①Q111.7-49

中国版本图书馆CIP数据核字（2015）第278814号

不可思议的濒灭动物

作　　者 《指尖上的探索》编委会
责任编辑 王　炘
装帧设计 北京高高国际文化传媒
出版发行 作家出版社
社　　址 北京农展馆南里10号　**邮　　编** 100125
电话传真 86-10-65930756（出版发行部）
86-10-65004079（总编室）
86-10-65015116（邮购部）
E-mail:zuojia@zuojia.net.cn
http://www.haozuojia.com（作家在线）
印　　刷 北京盛源印刷有限公司
成品尺寸 163×210
字　　数 170千
印　　张 10.5
版　　次 2016年1月第1版
印　　次 2016年1月第1次印刷
ISBN 978-7-5063-8474-2
定　　价 29.80元

Mr. Know All

指尖上的探索 编委会

第一章　濒灭动物的困境

第二章　不可思议的陆生濒灭动物

第三章 不可思议的水生濒灭动物

第四章 只有中国还有的濒灭动物

第五章　濒灭动物需要保护

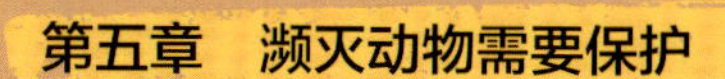

在北京南海子麋鹿苑内有一座特殊的墓地——“世界灭绝动物墓地”。这是一座仅有墓碑的墓地，空荡的坟冢，如多米诺骨牌般倒塌在地的墓碑，那些写在墓碑上的动物物种已经永远在地球上消失了。近300多年，一种又一种的动物在人类的影响下从地球上消失，这是多么令人心痛、令人遗憾的事啊！而今时今日，还有越来越多的动物面临着即将灭绝的危险。究竟什么样的动物才能被称为濒灭动物？濒灭动物目前的状况怎么样？就让我们一起拉开认识濒灭动物的序幕吧！

第一章 濒灭动物的困境

1.什么是濒灭动物

我们常常会在电视、报纸、杂志等媒体上看到极力呼吁人类保护大自然、保护濒危动物的宣传，却很少能见到“濒灭动物”这个词语。那么，到底什么是濒灭动物呢？

在汉语中，“濒”是接近、临近的意思，“濒灭”的意思也就是临近灭亡、死亡。

濒灭动物指的是那些面临灭绝危险的野生动物，它们的族群数量非常稀少。我们也可以简单理解为，濒灭动物就是一切珍贵、濒危或稀有的野生动物。也就是说，濒灭动物首先必须是野生动物，然后才是有灭绝危险的动物。这个危险可能是动物自身的原因造成的，也可能是自然灾害导致的，还有可能是人类活动对动物造成的迫害引起的。

我们应该注意的一个问题是，在一些国家或地区被视为濒灭物种的野生动物，可能在另外一些国家或地区并不属于濒灭动物。也就是说，濒灭动物是相对的，当野生动物得到了有效的保护，它们的大家庭不再有灭绝的危险时，便可以被排除出濒灭动物的行列了。

那么，我们是不是应该为濒灭动物做些什么，让它们尽早摆脱掉“濒灭动物”这一称呼呢？

2. 濒灭动物的判定标准是什么

在神奇而又美丽的动物世界中，有会学人说话的鹦鹉，有在夜晚发光的萤火虫，还有机灵可爱的小松鼠……你最喜欢的动物是什么？你是否担心它会成为濒灭动物？现在，就让我们依据濒灭动物的判定标准，来看一看你喜爱的动物到底是不是濒灭动物吧！

动物学家研究、总结出了濒灭动物所具有的几个方面的特征，而这也成为了判定濒灭动物的标准。

首先，最直观的标准就是动物的野生种群数量，数量稀少的动物就是有灭绝危险的动物。其次，我们来看一看动物的栖息地，它是生活在宽阔的区域里，还是生活在狭小的区域里？狭小的生存空间往往不足以满足野生动物繁衍生息条件。这样的动物也是濒灭动物。最后，如果一种动物的数量原本就不多且仍在不断减少，就算它还没有达到特别稀有的程度，我们也要重视起来，因为它正在一步步接近濒灭。

当然，判定周期也非常重要。冬天，惹人烦闷的蚊子不见了踪影，它们的种群数量下降了，我们能因此判定它们成为濒灭动物了吗？当然不能，虽然它们因为忍受不了寒冷而死去，可它们产下的卵却在等待破茧而出的那一刻。到了第二年，一批新的蚊子又会出现。所以，这种短时期的数量变动不足以成为判定濒灭动物的标准，只有在 5 年内该动物持续出现上述三点中的任何一点，我们才可以认为它是濒灭动物！

3. 濒灭动物就一定会灭绝吗

恐龙曾经统治了地球1.65亿年，但大约在6500万年以前十分迅速地从地球上消失了，科学家们至今都没有找出其灭绝的原因。

在加拿大的东南部和美国的东北部曾经生活着一种被人们称为“鬼猫”的动物，它的学名叫作“东部美洲狮”。因为在近几十年当中，东部美洲狮的踪影极为罕见，再加上它本就属于猫科动物，故此得了“鬼猫”这一别称。早在 1973 年，东部美洲狮就已经被列为濒灭动物了。更不幸的是，由于水源的污染和栖息地的破坏等原因，它们终究没有逃脱灭绝的厄运。2011 年 3 月 2 日，美国正式宣布东部美洲狮灭绝。

难道所有的濒灭动物都逃脱不掉灭绝的命运吗？其实不然。濒灭动物究竟会不会灭绝，关键还是取决于人类。就拿东部美洲狮来说，如果人类好好保护它的栖息地，让它的生活环境和原来一样，它还会灭亡吗？不过近年来，人们成功保护濒灭动物的例子也有很多。树袋熊是澳大利亚的国宝，我们在电视上、动物园里总能见到它懒懒地趴在树上十分悠闲的样子。而你也许不知道，在 20 世纪初，树袋熊曾一度因为人类的捕杀而濒临灭绝。后来，澳大利亚政府及时采取了措施，为树袋熊建立了自然保护区，从而让这些憨厚可爱的小动物能够继续在地球上生活。

濒灭动物到底会不会灭绝，这谁也说不准。但我们相信，只要人类可以给濒灭动物营造一个良好的生活环境，那么它们一定不会这么快灭绝！

4. 为什么有些动物会濒临灭绝

在很久很久以前，濒灭动物和其他动物一样，族群数量稳定，自在地生活在地球的某个角落。但不知道从什么时候开始，一些动物渐渐淡出了人们的视线，变得越来越稀少，也越来越珍贵。

为什么会出现这样的情况呢？首先，动物的濒灭有着无法避免的自然因素。在自然界，每一个生物都遵守着“物竞天择，适者生存”的法则。如何理解这一法则？以动物世界为例，如果动物无法适应变化的自然环境，如恶劣的天气、突发的自然灾害等，或者动物本身生存能力弱，那么它就会面临被自然淘汰的危险。

此外，人类也是使动物濒灭的“助手”之一。为什么自然环境会变化呢？除了自然的演变之外，人类的一些行为在改造自然的同时，却也在破坏自然。试想一下，当山丘、原野变成了由钢筋混凝土垒起的高楼大厦时，那些作为“原住民”的动物该去哪儿呢？南北朝民歌《敕勒歌》曾描绘了一幅“风吹草低见牛羊”的场景：辽阔的天地间，风吹草动，牛羊在其中悠闲地觅食。而如今，昔日葱郁的草原由于人们的过度放牧和开垦，早已失去了光彩，野牛、野羊的踪迹也难以再次觅得。

还有一些人不顾道德和法律的约束，在金钱的诱惑下，肆意捕杀野生动物。他们是造成动物濒灭最直接的凶手。

我们无法回避的一个问题是，一些动物是在人类干扰的情况下才成为濒灭动物的。我们是不是应该为此而承担拯救濒灭动物的责任呢？

5. 动物灭绝的速度在加剧吗

当人类社会在不断进步的时候，你是否知道动物社会正在面临前所未有的困境？当世界人口在不断增长的时候，你是否知道动物世界的居民正在不断减少？

我们为什么要倡议保护濒灭动物？因为近几个世纪以来，世界上灭绝的动物实在是太多了，人类已经渐渐承受不起这样的后果。17 世纪以来，世界上约有 250 种鸟类灭绝，约 120 种兽类永远消失，约 80 种两栖爬行类动物离我们而去。甚至还有一些生活在深海密林中的动物，还未曾被人类发现就永远消失了，悄无声息。而此时此刻，全世界还有 5% ~ 20% 的脊椎动物和树木正面临着灭绝的威胁。不仅仅是动物，其他物种的灭绝速度也十分迅速。

据《世界濒危动物红皮书》中的统计，仅在 20 世纪这 100 年的时间里，就有 110 种哺乳动物和 139 种鸟类灭绝。算下来，平均每不到一年的时间里，就会有一种哺乳动物和一种鸟类动物灭绝。可是你们知道吗？科学家们通过研究古代动物的化石，得出来的结论是，在工业社会以前，平均每 300 年才会有一种鸟类灭绝，平均每 8000 年才会有一种兽类动物灭绝。现在的动物灭绝速度，足足是以前的几百、几千倍啊！若是按照这个速度发展下去，若干年后，地球上还会有动物生存吗？

从人类诞生之初，动物就陪伴着人类一起生活在地球上，如果没有了动物，那么这个地球也就不完整了。

6.世界上的濒灭动物多不多

熊猫、老虎、狮子、大象……这些都是人们所熟知的濒灭动物，只要一提到“濒灭动物”这个词，人们的脑海中就会浮现出它们的名字。但是，我们要告诉你的是，世界上的濒灭动物远远不止这些。

热带雨林是得天独厚的自然宝库，这里不仅有地球上最茂密的森林，也生活着众多奇妙的雨林动物。然而，随着雨林面积的急速缩小，一些生活在这里的动物也遭受到了生命的威胁。例如，身材小巧却极善跳跃的跗猴、用美丽武装自己的箭毒蛙、高级灵长动物黑猩猩，还有如猴子般灵敏的蜜熊……

草原虽然没有雨林物种繁多，但茂密的青草和广阔的土地还是为许多大型动物提供了良好的居所。可是，随着土地荒漠化的加剧，草原也渐渐失去了昔日的生机。牦牛和羚羊没有了踪影，狼群被人们捕杀殆尽，就连百兽之王——狮子也没有逃脱濒灭的命运。现如今，只有印度和撒哈拉沙漠以南的草原上有少量野生狮群活跃着。

比起陆地，海洋里的动物群体更为庞大，它们形态多样，种类繁多，从用肉眼无法看见的微生物，到大如海岛的鲸鱼，一应俱全。造成海洋动物濒危的主要原因则是海洋污染和过度捕捞。海獭、儒艮、革龟、抹香鲸、虎鲨、珊瑚……这些或温顺、或凶猛、或可爱、或美丽的海洋动物正在渐渐离我们而去。此外，还有一些濒灭动物生活在其他江河湖泊、山林原野之中。

据统计，全世界有 593 种鸟、400 多种兽类动物和 209 种两栖爬行动物正处于灭绝的边缘。

如此看来，世界上的濒灭动物真的不少，或许以后，我们只能在图画或照片中才能看见它们的身影了。

7. 你知道这些著名的动物已经灭绝了吗

史德拉海牛

在地球这颗美丽的星球上，曾经涌现出无数生命，孕育了许许多多奇妙的动物。它们有的经历风雨，一直延续至今，有的却已经永远离我们而去了。今天，我们不提恐龙，也不提猛犸象，因为它们的生存年代离我们太过遥远，但近几百年间灭绝的动物却是与我们人类息息相关的。

渡渡鸟是除恐龙之外最著名的灭绝动物之一，它有何特别之处呢？首先，它的外形独特。因为它体型庞大，双腿粗壮，又无法飞翔，人们觉得它就是一只胖胖的、傻乎乎的大笨鸟。在西方，人们可是常用渡渡鸟来比喻愚笨的人呢。其次，它的灭绝速度让人咋舌。1599 年，欧洲人来到了毛里求斯岛上，首次发现了渡渡鸟。此后，肆意的捕杀便开始了，直到 1681 年，在 100 年不到的时间内，渡渡鸟被屠戮殆尽。

纽芬兰白狼

提到狼，人们总是会有些战战兢兢，认为它是会食人的野兽。但在现实生活中，狼反而是被人类给杀死的。这当中包括通体白色的纽芬兰白狼，生活在阿根廷、被称为“世界最南端的狼”的南极狼，还有世界上最小的狼——日本狼。你们知道吗？目前已有 10 种狼灭绝了！

史德拉海牛于 1741 年被人们发现。它性格温和，从不惧怕人类，且笨重迟缓，因此很容易被人们捕获。到 1768 年，这个毫无防御能力的“傻大个”就被人们捕杀完了，它是海洋动物中第一种被人类赶尽杀绝的哺乳动物。

渡渡鸟

自从人类开始从农业社会走向工业社会，已经有 300 多种动物永远从我们眼前消失了。它们的消失，为人类敲响了警钟，我们不能让同样的悲剧再次上演！

8. 濒灭动物怎样分等级呢

当我们在为工业的发展、经济的提升而沾沾自喜的时候，曾经一派欣欣向荣的动物王国却变得满目疮痍，它们的成员被逐渐划分到“濒灭动物”的集合中。在这些濒灭动物当中，有的受到的伤害较轻，有的受到的伤害较重，相应的，它们所处的濒灭等级也不尽相同。

如何来划分濒灭动物的等级，方法可不只有一种哦！

《世界濒危动物红皮书》为濒灭动物定义了 8 个等级，它们分别是灭绝、野生灭绝、极危、濒危、易危、低危、数据不足和未评估。这是当今世界上最权威的，也是最详细的濒灭动物等级划分标准。事实上，后两个等级是对那些极少数无法确认和没有确认标准的濒灭动物的归类，与大部分濒灭动物的分级无关。借鉴该方法，我国将已知的濒灭动物依据濒灭程度的深浅从高到低分为绝迹、野生灭绝、濒危、渐危、稀有和易危这 6 种。还有一种方法与此类似，只是在遣词造句上有所不同，即分为绝灭、国内绝迹、濒危、易危、稀有和不足 6 个等级。

在所有的划分方法中，两级法是最简单的一种方法，它也是中国所采用的濒灭动物等级划分方法之一：依据珍稀动物的生存现状及其具有的价值，将其分为国家一级保护动物和国家二级保护动物。

丹顶鹤和朱鹮是我们熟知的两种珍稀鸟类，它们分别属于濒灭动物的哪一等级呢？以上面提到的第一种标准来划分，丹顶鹤属于濒危动物，朱鹮的濒灭状况则更糟糕，属于极危动物。

9. 什么样的濒灭动物属于功能性灭绝

白鱀豚是我国长江流域特有的鲸类动物，它也是世界上最濒危的动物之一。人们认为它很有可能已经灭绝，就算还有几只残余个体，也无法再继续维持族群的生存。像这样的濒灭动物，科学家们将其定义为功能性灭绝。

除了白鱀豚之外，还有哪些濒灭动物也处于功能性灭绝的状况呢？你可能没有听说平塔岛象龟这一动物，但看它这被冠以“象”字的名字，我们不难猜到它是一种具有高大体型的乌龟。的确，平塔岛象龟是陆地上最大的龟类——象龟的一种，因为四肢粗壮得如同大象的脚一样而得名，它栖息于东太平洋上的平塔岛。虽然平塔岛象龟作为一个单独的亚种而存在，但到目前为止，科学家们仅在 1971 年发现了一只纯种平塔岛象龟，之后就再也没有见过其他平塔岛象龟了。而且，这只名为“孤独乔治”的平塔岛象龟在 2012 年 6 月死去了。那么乔治的死亡标志了平塔岛象龟的灭绝吗？

在 2012 年稍早之前，科学家们在距平塔岛不远的伊莎贝拉岛发现了一只罕见的象龟，它的身上有一半的基因与“孤独乔治”相同。这表明伊莎贝拉岛上存在着平塔岛象龟的后代。如今，伊莎贝拉岛上还栖居着 2000 只象龟，这其中很可能就有一只是纯种的平塔岛象龟。

尽管平塔岛象龟还没有完全绝迹，但仅剩的一两只个体似乎也难以承担延续族群的任务。如何才能重建平塔岛象龟的族群呢？就让我们期待科技的进一步发展吧！

孤独乔治

10. 动物灭绝会造成什么影响

环境污染、动物贸易、自然灾害……濒灭动物的生存实在是受到了太多因素的威胁，如果动物的生存环境再不改善的话，当这些濒灭动物灭绝之后，我们的世界会变成什么样子？

动物灭绝之后，直接受影响的就是地球上的生物多样性。我们的地球为什么会这么美丽？这不仅仅因为地球上有美丽的风景，还因为地球上拥有其他星球所没有的生命，这些生命赋予了地球勃勃的生机。一种动物消失了，就意味着地球的美丽减少了一分。

你知道“狼和鹿”的故事吗？很久很久以前，凯巴伯森林里居住着一群活泼美丽的小鹿，但凶狠的狼群却时常来骚扰它们，捕食它们的同伴。为了保护这些小鹿，当地居民用猎枪消灭掉了森林里所有的狼。但没有想到的是，随着鹿群的扩大，森林里的青草、树木通通被啃食殆尽，紧接着，疾病又席卷了鹿群。不到两年的时间，就有 6 万只鹿因为饥饿和疾病而死去，凯巴伯森林也变成了没有生机的荒地。自然界的各个物种都是一环套一环的，一种动物灭绝了，可能造成与之相关的其他生物相继出现生存危机或是灭绝，人类最终也会受到影响。“狼和鹿”的故事不就是一个很好的例子吗？这还仅仅只是一种动物的灭绝所造成的影响，如果灭绝的动物多的话，灾难恐怕也会放大好几倍吧！

或许有人会说，近年来不也有动物灭绝吗，也没见人类的生存受到了多大影响啊！但是，你瞧一瞧现在反常的天气、日渐严重的空气污染，还有越来越多的疾病，这难道不与动物的灭绝有关吗？

濒灭动物正面临重重困境。你知道有哪些动物正处于濒临灭绝的境地吗？首先让我们进入陆生濒灭动物的世界，来了解它们的不可思议之处。来到森林，那里有身手矫健的云豹；踏入草原，那里有健壮的犀牛；进入山地，那里有翱翔的雄鹰；潜入雨林，那里有机灵的猴子；登上海岛，那里有“遗老”鸭嘴兽……它们有的温顺美丽，有的机灵可爱，有的威武凶猛，都是大地的美丽生灵。

第二章

不可思议的陆生濒灭动物

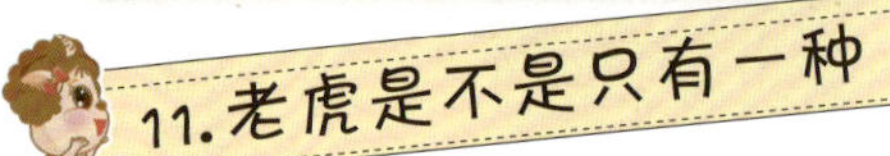

11. 老虎是不是只有一种

老虎的头上有一个大大的“王”字，看上去威风凛凛，很多小动物见了它都会吓得瑟瑟发抖。当我们在动物园里见到老虎的时候，也会忍不住发出“啊！老虎！”的感叹。但大多数人不知道的是，生活在不同地方的老虎是不一样的，它们有的体形较大，有的条纹较密，甚至还有颜色之分。

世界上现存的老虎一共有 6 种，其中，东北虎生活在寒冷的俄罗斯西伯利亚地区，中国东北东部山区，它的脂肪和皮毛比较厚，是目前世界上体型最大的老虎。第二种是苏门答腊虎，它是世界上现存的最小的虎类，只有在印度尼西亚的苏门答腊岛上才可以见到野生的苏门答腊虎，与其他老虎相比，苏门答腊虎的鬃毛较短且颜色较深。第三种是华南虎，它是只有中国才有的老虎，主要生活在中国中南部地区的山林之间，数量十分稀少。第四种是孟

巴厘虎

东北虎

苏门答腊虎

爪哇虎纪念邮票

加拉虎，在所有的老虎种类当中，孟加拉虎是目前族群数量最多的一种虎，它们主要生活在印度和孟加拉国的森林中，毛色杏黄，以野鹿和野牛为食物。比较神奇的是，孟加拉虎中还存在着极少数量的变异虎种，目前已知的有白虎、金虎、雪虎和纯白虎 4 种。第五种是在亚洲东南部的一些国家生活着的印度支那虎，与孟加拉虎相比，它的体型显得更小，毛色更深，这类老虎的下巴和脸颊上还有白色的斑痕。第六种马来虎是近几年才发现的新的老虎种群，它与印度支那虎长得很像，但体型则接近苏门答腊虎。

在 1937 年以前，虎这个大家庭里还有 3 个小家庭，它们分别是巴厘虎、里海虎和爪哇虎。令人惋惜的是，因为人类的肆意捕杀，它们都相继灭绝了。

华南虎

里海虎

12. 东北虎是如何捕食的

我们都知道，老虎处在自然界食物链的最顶层，是与鲨鱼和狮子并驾齐驱的食肉动物。在捕食的过程中，它们十分凶猛，也很聪明，懂得运用各种方法和手段，往往一次出击就能捕捉到猎物。那么你们想不想知道东北虎是怎样捕食的呢？

首先，我们先来认识一下东北虎。东北虎主要生活在我国的东北东部山区和俄罗斯的西伯利亚地区。它们体魄雄健，行动敏捷，身长 2.8 米左右，体重可达 350 千克，是 9 种老虎中体型最大的一种。它的皮毛鲜艳美丽，虎爪和虎牙像钢刀一样锋利无比，是抓捕与撕碎猎物必不可少的工具，也是它们赖以生存的武器。

虽然老虎奔跑速度很快，但并不擅长长时间奔跑，所以，老虎捕猎通常采用的是埋伏或偷袭的方法。东北虎一般居住在海拔 600 ～ 1300 米的高山密林中，傍晚和黎明前出来觅食，它的主要捕食对象是野猪、马鹿、狍子、麝等动物。东北虎的耳朵十分灵敏，可以听见几千米外动物发出的声音，而且还可以分辨出是哪种动物发出的声响。一旦发现猎物，它就会悄悄地潜伏在灌木丛中，等到猎物靠近时，便会像闪电一样扑上去把猎物压住，用它那尖锐的利爪抓住对方的颈部，用它那锋利的牙齿咬断对方喉咙。等到猎物不再挣扎，东北虎就开始大快朵颐起来。

东北虎在捕猎的时候充分利用了自己的长处，规避了自己的短处，用一个成语来描述，就是“扬长避短”。尽管如此，东北虎却一度陷入了濒灭的困境。到 1999 年，东北虎的数量已经从 20 世纪 50 年代初期的 400 只，急剧减少到 5 ～ 7 只。一度，这种行踪隐秘的老虎，已经几乎要从我们的视野里消失了。不过，在国际野生生物保护学会的努力下，目前俄国西伯利亚和中国东北地区的东北虎的数量已达 400 ～ 500 只。终于，东北虎摆脱了灭绝的危险。

13. 蝙蝠会长出“猪鼻子”吗

说到蝙蝠，大家会想到什么？可怕的夜行动物、吸血蝙蝠、丑陋的大鸟……说到猪，大家会想到什么呢？非常能吃的动物、会发出哼哼声、猪八戒……如果我们给蝙蝠安上了一个“猪鼻子”，你还会害怕它吗？

柚木，一种长在热带地区的高大乔木，是制作家具和装饰房屋的常用材料，以泰国、缅甸和印度尼西亚的柚木最为有名。柚木与我们今天要说的蝙蝠有什么关系呢？告诉你吧，因为这种长着“猪鼻子”的蝙蝠就生活在泰国的柚木树林附近的石洞中，是泰国特有的哺乳动物。猪鼻蝙蝠的鼻子扁平且向上翘，就像是猪鼻子，看起来十分滑稽可爱。它还是世界上最小的蝙蝠，体长为3厘米，张开双翼时的长度则可达16厘米。蜂鸟是世界上最小的鸟类，最大的巨蜂鸟体长达21.5厘米，而最小的吸蜜蜂鸟只有5.6厘米长。因为猪鼻蝙蝠的大小与蜂鸟差不多，所以，它又被称为“大黄蜂蝠”。

见到猪鼻蝙蝠，你完全不用害怕，它从来不会对人类发起攻击。与其他蝙蝠相比，猪鼻蝙蝠实在是太弱小了，所以它们大多成了其他蝙蝠口中的食物。另外，由于市场上对柚木需求的增多，大量的森林被砍伐，猪鼻蝙蝠的栖息地也被大肆破坏。据了解，现存的猪鼻蝙蝠全世界不超过200只。

虽然在现代人的眼里，蝙蝠的外形并不美丽，但在古代，因为“蝠”与“福”同音，蝙蝠图案被大量印刻在器皿、服饰之上，蝙蝠可是寓意着幸福呢！

14. 世界上有色彩鲜艳的蜗牛吗

蜗牛是一种十分常见的动物，夏日雨后的草丛中，我们总能见到成群的蜗牛，但这些蜗牛大多为褐色和白色，看上去毫不起眼。听说，夏威夷有一种蜗牛的外壳是五颜六色的，这是真的吗？

这种蜗牛就叫做夏威夷蜗牛，它的外壳由几种不同的颜色组合而成，有黄色、橙色、红色、褐色、绿色、灰色、黑色和白色，每一只蜗牛的颜色和外形都不太一样。大多数夏威夷蜗牛长 2 厘米，外壳呈椭圆形或卵形，趴在树上，就像是一朵朵艳丽的花朵。

一般的蜗牛都是通过产卵来繁衍后代的，可夏威夷蜗牛却与众不同。每一只夏威夷蜗牛都是雌雄同体的，它们会像哺乳动物一样直接生下小蜗牛，而不是产卵。由于人们对环境的破坏，夏威夷蜗牛的栖息地越来越小，再加上又受到其他动物特别是入侵的非洲食肉性蜗牛的掠食和人类的捕捉，如今，夏威夷岛上的夏威夷蜗牛已经极其稀少了。

据统计，全世界有 4 万种蜗牛。除了颜色以外，蜗牛的外形也奇特各异，有宝塔形、陀螺形、圆锥形、球形、烟斗形等。你别看蜗牛总是喜欢把头缩入壳里，但它却有着惊人的生存能力，蜗牛对冷、热、饥饿、干旱都有着很强的忍耐性。除此之外，还有一点是你绝对想象不到的：蜗牛是世界上牙齿最多的动物。虽然它的嘴很小很小，但里面却有 26000 多颗牙齿呢！

没想到，平常毫不起眼的蜗牛竟然有如此多让人惊奇的地方，动物世界还有多少奇妙之处在等待着我们去发掘啊！

五彩缤纷的蜗牛

15. 孔雀雉是孔雀的一种吗

提到孔雀，你的脑海中是不是马上就想到了它那灿烂夺目的尾巴呢？但今天我们要了解的不是孔雀，而是名字比孔雀多一个字的“孔雀雉”。你知道孔雀雉是什么样的动物吗？它与孔雀又有什么关系呢？

孔雀雉又名灰孔雀雉、诺光贵，“诺光贵”在傣语中是“珍贵的鸟”。它不仅是傣族人民心目中的珍稀鸟儿，也是国家一级保护动物。孔雀雉主要分布在我国的云南和海南两省，在国外，分布于不丹、印度、缅甸、泰国、老挝和越南。

孔雀雉并没有亮丽的外表，它的羽毛为乌褐色，上面布满了棕白色的斑点，看上去就像是一只很普通的野鸡。因为在雄孔雀雉的背上、翅膀和尾部羽毛的顶端具有紫绿色金属光泽的眼状斑，就像是孔雀尾羽上的孔雀斑一样，如此，才有了“孔雀雉”这个名字。但从动物的分类来看，孔雀雉属于雉科中的灰孔雀雉属，而孔雀却属于雉科中的孔雀属，二者从根本上来说就不是同一个种类。所以，孔雀雉并不是孔雀的一种。

我们都知道，雄性孔雀有一条又长又漂亮的尾巴，一到求偶的季节，它们就会争先恐后地张开自己那五彩缤纷的扇尾来吸引雌性孔雀的注意。虽然雄性孔雀雉长相平凡，其貌不扬，但它也是通过展开翅膀和尾巴来向雌性求爱的。不过雄孔雀雉采用的是近距离接触的方式，这些动作只在面对雌孔雀雉时才做。

尽管没有孔雀光彩华丽，也没有孔雀出名，但孔雀雉却因数量极为稀少，是比孔雀还要宝贵的动物，我们要把它真正当作“诺光贵”来对待！

16. 最后一只旅鸽死于何时

旅鸽，一种特别喜欢旅行的鸽子。

曾经有一位初到美国的拓荒者，他赶着马车在荒野上行走了几个小时，尽管是白天，而且天朗气清，可是他却一直没有见到太阳。你知道为什么吗？原来啊，他不幸与旅鸽选择了同一条路，成群的旅鸽就这样“挡”在他头上几个小时。和很多候鸟一样，旅鸽总是成群地出现在人们面前，甚至有时候队伍里的成员多达 1 亿多只，远远望去，仿佛连天空都要被遮蔽了。

旅鸽是北美大陆独有的候鸟。在哥伦布 15 世纪发现美洲新大陆之前，旅鸽十分常见，数量多到你难以想象。有多少呢？足足 50 亿只！这比当时世界上所有国家的人口加起来还要多！可是，当欧洲移民来到北美之后，旅鸽因为肉质鲜美又不难捕捉，而成为拓荒者的食物。一些穷人因为没有钱买食物，就去山上捉旅鸽来果腹。直到 19 世纪中期，才有人提出要保护旅鸽，可是在当时并没有受到重视，旅鸽依旧是人们餐桌上最常见的食物。1878 年，仅美国密歇根州的一个小镇每天就有 5 万多只旅鸽被杀，而这种情况足足持续了 5 个月之久！

尽管到 19 世纪末，政府已经开始着手保护旅鸽，但依然还有人不顾法律的约束捕杀旅鸽，有记录的最后一只野生旅鸽就是被一位 14 岁的少年用气枪打下的，时间是 1900 年 3 月 22 日。而最后一只人工饲养的旅鸽则死于 1914 年 9 月 1 日。

当我们再看着广场上成群的鸽子飞舞的时候，你会想起因为受到人类残忍的杀害而灭绝的旅鸽吗？

17.埋葬虫可以埋葬垃圾吗

有这样一种虫子，它以动物的死尸为食，在进食的时候，它们总是不停地挖掘动物尸体下面的土地，渐渐地就将动物的尸体埋葬在了地下。因此，人们给它起了一个十分有意思的名字——埋葬虫。

全球大约有175种埋葬虫，不同地方的埋葬虫长得都不太一样。它们有的是黑色的，有的是黄色的，有的是红色的，还有的有好几种颜色。埋葬虫的大小各异，平均体长是1.2厘米，柔软扁平的身体使其在动物尸体底下爬行起来十分方便。

埋葬虫的头部有两个触角，不是很长，但触角顶端有些粗大，是它们用来分辨气味找寻食源的工具。喜欢采集昆虫标本的人要注意了，虽然埋葬虫的移动速度不是很快，但若直接用手去捉的话说不定会吃亏。这是为什么呢？原来啊，当埋葬虫感觉到自己受到攻击的时候，它就会排出一大堆散发着浓郁腐烂气味的粪液，以此来驱赶敌人。你若徒手去抓，说不定就会沾上这腐臭的粪液。

既然埋葬虫可以埋葬动物尸体，那么它会不会埋葬其他垃圾呢？野外的垃圾堆中不是也偶尔会见到它们的身影吗？如果你这么想，那可就错了。尽管埋葬虫会去垃圾堆附近寻找食物，但它是去寻找腐烂的鸟兽尸体的，其他垃圾并不是它们喜爱的食物。因此，在一般情况下，埋葬虫是很少会埋葬垃圾的，除非垃圾与尸体在一起。

不得不说，在净化环境方面，埋葬虫做出了很大的贡献。尽管如此，目前地球上埋葬虫的数量在急剧减少，已被列入《世界濒危动物红皮书》，如果有一天埋葬虫从地球上消失了的话，这些腐烂的动物尸体将由谁来接管处理？人类吗？

18. 世界上还有多少只北白犀

我们都知道，大象是陆地上最大的动物，可谁是陆地上第二大的动物呢？在非洲草原上和东南亚、南亚雨林中，生活着一种大型食草类动物——犀牛，它是仅小于大象的陆生动物，它的特点是腿短身肥。世界上一共有5种犀牛，它们分别是黑犀牛、白犀牛、印度犀牛、苏门答腊犀牛和爪哇犀牛，其中白犀的体型最为高大，堪称“犀牛之王”。

只有在非洲才可以见到野生白犀。因为一部分白犀分布在安哥拉、莫桑比克等国，另一部分则聚集在北边的刚果民主共和国、乌干达等国家，所以白犀又有北白犀和南白犀之分。21 世纪初，调查发现，世界上仅存不到 25 只北白犀，而南白犀的生存状况则要好一些，目前还有 1 万多只生活在野生动物保护区里。那么如今，北白犀的数量还剩多少呢？

刚果民主共和国的加兰巴国家公园是北白犀最后的家园，一群不足 25 只的北白犀就生活在这里。本以为有了人类的保护，北白犀的数量可以慢慢上升，但自 2003 年之后，非法偷猎白犀的行为再度猖獗。不法商贩为了获得北白犀珍贵的牛角和牛皮而潜进了加兰巴公园，猎杀了十几只北白犀。到 2005 年，加兰巴公园里只剩下 5 只北白犀了。遗憾的是，当刚果民主共和国政府准备将这 5 只北白犀送到肯尼亚去加强保护的时候，它们却都死了。同年，人们在野外搜索的时候看见了 3 只北白犀，但此后却再也没有找到它们的踪迹。

目前，只有美国和捷克这两个国家的动物园里还圈养有 8 只北白犀。这也是地球上已知的最后的北白犀。

白犀牛是一种性格十分温顺的动物，从来不会主动攻击人类。但是，它至死也没有想到，不是它不攻击人类，人类就不会伤害它。

19. 黑犀与白犀有什么不同

犀牛家族里，有白犀和黑犀这两位成员，它们分别是黑色的犀牛和白色的犀牛吗？除了颜色不同之外，黑犀和白犀还有其他不同之处吗？

如果你仅凭名字来判断谁是黑犀谁是白犀的话，那么一定找不到正确的答案。为什么呢？因为白犀虽然叫“白犀”，但它却是灰色的；黑犀虽然叫“黑犀”，但它的外表也是接近灰白色的，只不过要比白犀的颜色深一点儿。为什么人们会给它们取这样的两个名字呢？其实，白犀牛的名称来自一个美丽的错误。历史上，白犀所在的地区曾经是荷兰的殖民地，因为它的嘴巴宽平，荷兰人为它取名“weit”，意为“宽平”。但后来人们却将“weit”误认为英文“white”，“white”是“白色”的意思，于是就有了“白犀牛”之称。而为了与白犀区分开来，就将非洲大陆上的另一种犀牛取名为“黑犀”。

在现存的 5 种犀牛中，黑犀是倒数第二小的犀牛，它的身高和体重都远远不如“老大”白犀。白犀又叫“方吻犀”，它的嘴巴是宽平的。而黑犀呢？它的嘴巴要比白犀尖，因此又被叫做“尖吻犀”。除此之外，两种犀牛的脑袋也不太一样。白犀的头要比黑犀的大，它的耳朵也比黑犀的耳朵大。从外观上，我们就能很好地区分黑犀与白犀。

白犀

从生活习性上来看，成年的黑犀总是单独生活，雄黑犀和雌黑犀每年只会为了繁衍后代而在一起居住几周。而白犀却是群居动物，往往有一只白犀出现的地方，附近一定有好几只白犀。在性格方面，白犀比较温顺，从来不会主动攻击人。但黑犀的脾气却有些暴躁，它会攻击路过的人和车辆。

不管黑犀与白犀有什么不同，它们所面临的生存危机都是一样的。2011年11月10日，国际自然保护联盟正式宣布野生西非黑犀牛全部灭绝。犀牛角固然十分珍贵，但犀牛的生命才是最值得我们去珍惜的！

黑犀

20. 野生狼群去哪儿了

中国曾经拥有大片的草原，草原狼曾广泛分布于我国的西北地区和如今的蒙古国境内。古时，在大漠行走的人，夜间总能听到狼群此起彼伏的吼叫声。而现在呢？草原上已经很少能见到狼群出没的景象了。

狼群去哪儿了呢？在清代之前，草原上的居民还不是很多，他们没有固定的居所，哪儿水草丰美就迁移去哪儿，较少的人口没有给草原环境带来压力。但从清末开始，大量关内居民涌入草原，除了饲养更多的牛羊之外，人们开垦土地、砍伐树木，给草原的生态环境带来了巨大的破坏。在这样的情况下，草原狼的居所变得日渐狭小。尽管有些少数民族将狼奉为神兽，但在大多数人的心目中，狼代表了凶残、狡诈，它是会吃人、吃家畜的凶兽。过去，人们要想杀死一只狼十分不易，说不定反而还会被狼所伤。但自从有了枪，草原上的狼群就一直处于弱势。20 世纪，大量草原狼被人类无情地杀害。如今在中国，也就还剩下 2000 只左右的野生草原狼吧！

相较于中国，蒙古国的草原生态环境还保存得较好，大部分野生草原狼活跃在蒙古草原。

狼群不是躲起来了，它们是因为数量减少了才难以被人们找到。牧民为了保护牛羊而驱赶狼群，猎人为了获取狼皮而猎杀狼，普通人因惧怕狼的凶猛和狡诈而厌恶狼，广阔的天地间，何处才是狼的容身之所？

21.还有真正的野马吗

我们都知道，马在古代是十分重要的交通工具，但它在没有被人类驯化之前是什么样的呢？名贵如汗血马，最初也只是草原上无人问津的野马。如今几千年过去了，世界上还有未被驯化的野马吗？

野马与一般的马相比，体型略小。由于生活在野外，需要自己觅食和抵御危险，所以野马要比家马更加机警，更善于奔跑。受环境的局限，野马比较耐旱、耐饥渴，可以三天不喝水。

野马有欧洲野马和亚洲野马之分。历史上，野马曾经广泛地分布于整个亚欧大陆，尤其是中亚地区，以盛产良驹出名。直到 15 世纪，成群的野马还时常自由地奔腾在欧洲大陆上，但由于人类对野马栖息地的侵占以及肆意地捕杀，到 1876 年，最后一只欧洲野马在乌克兰死亡。

人们本以为野马从此灭绝了，但 1879 年一位名叫普尔热瓦尔斯基的俄国探险家在当时的中国蒙古西部发现了一群亚洲野马，为了纪念这位探险家，这一新发现的野马以他的名字被命名为“普氏野马”。普氏野马的发现，轰动了整个世界，但随之而来的还有残忍的猎杀者。在 20 世纪前 70 多年的时间里，普氏野马一再濒危，甚至最后到了“野外灭绝”的地步。

为了让普氏野马再度重返大自然，动物学家们加紧了对野马的培育和放养工作，经过几十年的努力，普氏野马的濒危状况又从“野外灭绝”恢复到了“濒危”。只要我们努力保护濒灭动物，就一定能挽回它们的生命，你看，普氏野马不就是一个很好的例子吗？

普氏野马

22. 今天袋狼还存在吗

袋狼，一种头像狼、身子像老虎的动物，而且，在雌性袋狼的腹部还有一个像袋鼠一样的育儿袋。袋狼的身上可是聚集了好几种动物的特征，就像是中国的“四不像”一样，但是，袋狼的经历可就没有“四不像”那么幸运了，它已经是公认的灭绝动物。

400 万年以前，袋狼曾广泛地分布在澳大利亚大陆及其附近的岛屿，在澳大利亚大陆的史前壁画中，我们可以看到大陆土著居民的祖先为袋狼雕刻的画像。公元前 3000 年，早期亚洲移民来到了澳大利亚大陆，跟随他们而来的还有狗。此后，家狗在澳大利亚迅速繁殖，并逐渐形成了野外族群，它们开始与袋狼发生争斗。18 世纪，越来越多的人移民到了澳大利亚这片广袤的土地上，他们将袋狼视为敌人，认为袋狼是杀死他们所饲养的羊群的凶手。在人类的屠杀下，袋狼很快就成为濒灭动物，而且呈不可挽回之势。

塔斯马尼亚岛是袋狼最后的栖息地，1933 年，有人捕获了一只袋狼，并将其饲养在岛上的赫芭特动物园。但因为管理员的疏忽，袋狼在 3 年后一个炎热的午后暴晒而死，此后，再没有人见到过活的袋狼。虽然没有活的袋狼出现，但 1967 年，在澳大利亚西部的一个山洞里，人们发现了一具腐败的袋狼尸体。关于这只袋狼的死亡时间，科学家们众说纷纭。

尽管之后不断传出有关袋狼袭击家畜的消息，也有人声称他们看到了袋狼，但却一直没有证据表明袋狼还存活于世，学界普遍认为袋狼已经灭绝。

23. 丹顶鹤就是仙鹤吗

仙鹤是神仙故事中最常出现的动物之一，哪吒的师父太乙真人的坐骑便是仙鹤。在古代，仙鹤是吉祥、长寿和忠贞的象征，无数文人墨客以它为原型创作了流传千古的诗歌和画作。这样一种蕴意深厚的灵鸟，它仅仅只是传说吗？

其实，仙鹤有两种，一为白鹤，二为丹顶鹤。二者相似，不同之处在于丹顶鹤的头顶是红色的。三国时文人陆机就曾在它的《毛诗草木鸟兽虫鱼疏》中这样描述丹顶鹤："大如鹅，长脚，青翼，高三尺余，赤顶，赤目，喙长四寸余，多纯白。"在古代，"青"是黑色的意思，虽然丹顶鹤身上大部分都是白色的，但它的双翅的尾端却是黑色的，所以丹顶鹤有一双"青翼"。"赤"则是红色的意思，"赤顶""赤目"是说丹顶鹤的头顶和眼睛为红色。就这样，一只身材纤细、美丽高挑的丹顶鹤跃然纸上。

丹顶鹤离不开水，常成群结队地出现在浅滩和沼泽上，或捕食鱼虾，或交颈嬉戏。我国黑龙江的三江平原、嫩江中下游地区以及俄罗斯远东等地是丹顶鹤的故乡。丹顶鹤是东亚特有的鸟类。每年冬季，它们会飞到长江下游、朝鲜海湾、日本等地越冬。这些地方，无不以拥有丹顶鹤而自豪。

偷偷告诉你们一个关于丹顶鹤的秘密，丹顶鹤有时会失去飞翔的能力哦！不过不要担心，这只是暂时的，因为成年的丹顶鹤每年需要换羽两次，褪掉旧的羽毛，再长出新的羽毛，在这期间，丹顶鹤会暂时失去飞行能力。至2010年，全世界丹顶鹤总数仅有1500多只，保护好丹顶鹤以及它们的生存环境已是刻不容缓的问题。

24.“雪山之王”是谁

我们熟知的大型猫科动物有哪些呢？有统领森林百兽的老虎，有称霸草原的雄狮，还有睥睨美洲大陆的美洲豹。但你知道吗？就连在终年被积雪覆盖、人迹罕至的高山之上，猫科动物也依然占据了食物链顶端的地位。这类王者是谁呢？

雪豹

它们就是“雪山之王”——雪豹。虽然雪豹名为“豹”，但它却是独立于虎、狮、豹的另一种大型猫科动物，大家可千万不能把它归入豹的门类中哦！

雪豹外形似豹，但却比豹要小一些。它们的皮毛是灰白色的，上面布满了黑色的叶状斑点。雪豹的尾巴十分突出，有身体的四分之三长，又粗又大，它不仅是雪豹攀岩和奔跑的平衡器，在寒冷的夜晚，还可以替雪豹遮挡扑面而来的冷风。在猫科动物家族，雪豹是当之无愧的跳跃冠军，三四米的高崖从来不在话下，甚至还能跳过 15 米的山涧呢！雪豹能在雪山生存，尾巴可是功不可没！

雪豹分布在亚洲的中部和南部，是典型的高原动物，活跃在帕米尔高原、天山、昆仑山、喜马拉雅山等山地的雪线附近。它居住在高原上的岩石地带，白天在岩洞里休息，清晨和傍晚时分出来觅食。它最常捉的动物是岩羊和盘羊，偶尔也会去草地上捕食雪鸡、高原兔等动物，几乎从不踏入树林。

据估计，全世界雪豹的数量有 4080 ~ 6590 只，中国是雪豹数量最多的国家。长久以来，因为人类对雪豹栖息地的侵占，使得雪豹被分割在了几小块地方，再加上偷猎行为的屡禁不止，雪豹族群日渐衰微。

25. 山猫是猫的一种吗

你还记得动画片《猫和老鼠》中汤姆被杰瑞耍得团团转的样子吗？汤姆一直想抓住杰瑞，可总是反被杰瑞捉弄，这对笨猫和机灵鼠给我们的童年带来了许多欢笑。与汤姆的滑稽、愚笨相比，现实生活中有一种猫显得格外机警和灵活，它就是山猫。

山猫是什么猫呢？是生活在山上的猫吗？其实不然，山猫只是因为长得像猫而被人们称为猫，它和虎、豹一样，都属于猫科动物，它的学名叫做“猞猁”。与家猫相比，猞猁要显得高大得多，前肢短后肢长，可以灵活地在树枝和岩石上攀爬。与健壮的身体相比，猞猁的尾巴显得十分短小，因此曾被人们认为是短尾猫家族的一员。我们该如何辨别猞猁和猫呢？最直接的方法就是看它们的耳朵。猞猁的耳朵总是直立着的，并且耳尖上方有一小撮长长的深色丛毛。你可千万不要小瞧了这两撮丛毛哦！猞猁就是靠它来接收猎物的声音的，没了它，猞猁的听力可是会大大受损的。而猫的两只耳朵上可就没有这独特的丛毛了。

猞猁生性狡猾、谨慎，一旦遇到危险，就会迅速爬到树上躲避起来。它还会游泳，有时还会装死来迷惑敌人，从而逃过敌人的追捕。猞猁的主要食物是野兔，它通常会埋伏在猎物经常经过的地方，借助草丛、石头等物体来遮掩自己，等到猎物靠近，再突然蹿出。在对待捕猎这件事上，猞猁有着你想象不到的耐心，它能在一个地方持续等待好几个日夜，直到猎物出现为止。

由于人类活动和城市化加快，导致猞猁的栖息地越来越少，数量也大幅度减少。直到 20 世纪 70 年代，人们才开始逐渐意识到应该保护这种胆小的动物。猞猁已被列入我国国家二级保护动物。

26. 山貘是一种什么样的动物

你知道山貘是什么动物吗？我们知道山猫、山鸡、山兔，却好像从来没有听说过山貘，它长什么样，生活在哪，有多少，我们一概不知。既然如此，下面就让我们一起来认识一下山貘吧！

首先，我们得知道什么是貘。貘音同“莫”，是有蹄类奇蹄目动物的一种。什么是有蹄类？顾名思义，就是四肢长有蹄的动物，如牛、羊、鹿、马等。而奇蹄目呢？因为动物脚趾的蹄数不等，有奇数个，也有偶数个，拥有奇数个脚趾的动物就被归入到奇蹄目当中。貘是目前世界上最原始的奇蹄目动物，前肢有 4 个蹄，后肢有 3 个蹄。此外，我们熟知的马和犀牛也是奇蹄目动物。貘的体型与猪接近，但比猪要稍微大一些，它的鼻子又圆又长，可以自由伸缩。

世界上现存的貘一共有 5 种，它们分别是山貘、中美貘、南美貘、卡波马尼貘及马来貘，其中卡波马尼貘体型最小，其次就是山貘了，成年山貘的平均体重为 190 千克。山貘的身上布满棕黑色的长毛，所以又被称为“毛貘”。但在山貘的幼年时期，为了保护年幼的山貘，大自然赋予了幼貘天然的伪装条纹，使其能够躲避其他动物的攻击。

山貘生活在哪儿呢？广阔的安第斯山脉曾经是山貘的栖息地，但现在，只有在哥伦比亚和厄瓜多尔境内才能找到它们的足迹，它们的活动范围还在不断缩小。

栗鼠

27. 龙猫是猫吗

龙猫是猫吗？没有见过龙猫的人，一定会被龙猫的名字所误导，认为它是一种猫。但实际上，龙猫却是一种栗鼠，它的外形与老鼠有些相似。在最受人们喜爱的宠物排行榜上，龙猫可是仅次于哈士奇之后排行第二的动物呢！

龙猫的学名叫做南美洲栗鼠，又名毛丝鼠。为什么会给一只鼠取名为猫呢？这是中国人的叫法。原来啊，人们发现这只可爱的小宠物无论是相貌还是神态，都与动漫《龙猫》中的主人公龙猫十分相似，于是，“龙猫”就渐渐成了毛丝鼠的别名。

虽然市面上有金色龙猫、米色龙猫、银斑龙猫等十几种龙猫，但这些都是后来人工培育的品种，它们已经不属于野生动物的范畴了。野生龙猫只有在南美洲的安第斯山脉才可以找到，它们分长尾和短尾两种，区分的标准就是看它们尾巴的长短。与短尾毛丝鼠相比，长尾毛丝鼠的绒毛更加蓬松，看上去毛茸茸、胖乎乎的，十分可爱。我们平常所见的宠物龙猫就是在长尾毛丝鼠的基础上培育而来的呢！

龙猫的前肢短小，但后肢却粗壮，吃东西的时候，它是用两只“手”抓着吃的。别看龙猫只有几十厘米长，但它的跳跃能力却不容小觑哦！曾有一只龙猫跳到 1.8 米的高度呢！是不是鼠也不可貌相呢？

在漫画家宫崎骏的笔下，龙猫是与人为善的深林守护者，但在现实生活中，野生龙猫却因为人类对其皮毛的垂涎而濒于灭亡。人类什么时候才能学会爱护身边的伙伴呢？

28. 纯种红狼为什么越来越少

小时候，每当我们不听话，妈妈常会吓唬我们说："你再调皮晚上大灰狼就会来把你捉去！"童话故事《小红帽》里的狼外婆也是一只大灰狼。为什么人们提到的狼的形象都是灰狼呢？除了灰狼之外，就没有其他的狼了吗？

虽然狼的种类有很多，但大多数狼的外表都是灰色的，或是灰色和黑色相杂，所以人们只要一说到狼都是"大灰狼"。而在美国，却生活着一种长有红色皮毛的狼，即"红狼"。称呼红狼，我们就不能在前面加上一个"大"字了，因为在狼族中，红狼属于比较小的那一种。红狼的外表也不完全是红色的，有时也会夹杂一些灰色、褐色和黑色。在 20 世纪之前，红狼曾广泛地分布于美国的东南部，像宾夕法尼亚州、得克萨斯州和北缅因州这些地方，都曾是红狼的领地。除了鳄鱼、美洲豹等大型食肉动物之外，几乎没有什么动物可以战胜得了这些喜欢集体出动的家伙。

在 20 世纪的美国，人狼冲突总是不断，为了不让红狼吃掉家畜，人们开始大规模地灭杀红狼。这导致到 20 世纪 80 年代初，红狼几乎在野外绝迹了。为了不让这一濒灭动物就此灭绝，科学家们将仅剩的几只野生红狼圈养了起来，并对它们进行人工繁殖，然后又将它们的后代重新放回山林。科学家们原本以为在这样的补救下，红狼的数量会渐渐增多。但现实却是，这些被放归山林的红狼数量实在太少了，它们找不到同类的伴侣，就只好退而求其次，去和郊狼、灰狼交配了。

就这样，狼群里纯种红狼的数量越来越少，或许要不了多久，纯种红狼就会永远从地球上消失了。

德克萨斯红狼

29. 山地大猩猩为什么会成为濒灭动物

在2008年美国《生活科学》网站公布的全球十大最濒危的稀有动物物种中，山地大猩猩被列为其中之一，这一生活在非洲丛林里的“猿猴巨人”正面临着严峻的生存灾难。

位于非洲中部的维龙加山脉为野生山地大猩猩提供了最后的避难场所。与其他大猩猩相比，山地大猩猩的毛又长又黑，即使是在海拔2000米以上的高山地带，也能很好地适应山上寒冷的气候。白天是山地大猩猩的活动时间，为了支撑起庞大的身躯，山地大猩猩所需的能量也很多。你们知道吗？一只成年雄性山地大猩猩一天可以吃掉34千克植物，这可相当于十几个人的饭量啊！好在山地大猩猩从不挑食，不论是树枝、树叶，还是树皮、树根，它都爱吃！

山地大猩猩对于食物十分依赖，哪儿植物多，它们就会迁移去哪儿。所以，森林的毁坏对于山地大猩猩族群来说，是十分致命的，它们很快就会因为没有食物而大量死亡。虽然山地大猩猩的肉和皮毛价值不高，但它们的头、手掌及脚掌深受收藏家的喜爱，而山地大猩猩幼仔则会被卖到动物园和私人游乐场所。

生活在维龙加山脉的山地大猩猩是幸运的，因为这是世界上仅剩的可以供它们栖居的场所。但它们同样也是不幸的，它们所处的位置是非洲政局最混乱的地方，政府没有精力也没有金钱来保护它们。所以，也就放任了山地大猩猩的濒灭程度不断加重。

今天，全球只有不到600只的野生山地大猩猩，如果再放任它们自生自灭的话，要不了几年，这种珍稀的动物将永远与我们说再见了。

30. 苏门答腊虎会步爪哇虎的后尘吗

地球上曾经一共生活了9种老虎，其中有3种出自印度尼西亚。但是，最后一只巴厘虎和最后一只爪哇虎已经分别于1937年和1983年死去。而仅剩的苏门答腊虎呢？虽然没有灭绝，但也现状堪忧，人们担心它会成为继爪哇虎之后第四个灭绝的老虎物种。

苏门答腊岛是印度尼西亚的第二大岛屿，占据着印尼四分之一的土地，岛上生活着众多的珍稀野生动物。但如今，随着当地政府对岛上热带雨林开发的加剧，动物的生存范围正在日益缩小。造纸业是促进苏门答腊岛经济发展的支柱企业，但生产的纸张却是以砍伐大量的雨林为代价的。从2009年中期到2011年中期，有三分之二的苏门答腊虎栖息地因为油棕和浆纸林种植园的扩张而被破坏。在日益破碎的热带雨林里，苏门答腊虎艰难地寻找着有树林遮蔽的地方生活。

巴厘虎和爪哇虎相继灭绝后，苏门答腊虎便是印尼仅剩的老虎亚种，但就连这唯一的老虎，人们也不放过。在印尼，老虎贸易一直都很兴盛，尤其是苏门答腊岛当地，大街小巷随处可见虎骨、虎爪、虎齿等制作的护身符和纪念品。一些商人甚至专门从国外赶到苏门答腊岛，就为了购买虎皮和虎骨。难以想象，长此以往，苏门答腊岛上还会剩下几只老虎！更何况，现存的野生苏门答腊虎已经不足500只了。

苏门答腊虎真的会灭绝吗？如果人类再不禁止老虎贸易的话，不仅苏门答腊虎会步爪哇虎的后尘，相信剩下的5种老虎也会很快从地球上消失。

31. 在哪儿能找到野生亚洲象的足迹

“耳朵像蒲扇，身子像小山，鼻子长又长，帮人把活干。”大家可以猜出来这说的是什么动物吗？大大的耳朵、小山般雄伟的身体，还有那长长的鼻子，没错，它就是大象！

大象是现存陆地上最大的动物，更准确地说，非洲象是陆地上最大的动物，而亚洲象排在第二。除了在体型上有些差距之外，非洲象与亚洲象最大的区别在于耳朵。前者的耳朵非常之大，直径可以达到 1.5 米左右，而亚洲象的耳朵则不到 1 米。在古代，中国长江以南，以及南亚和东南亚的大部分地区都曾是亚洲象活动的区域，但现在，因为森林面积的缩小以及人类对大象的捕杀，它们的数量已经无法与古时相比了。在哪儿还可以找到野生亚洲象的足迹呢？

中国境内的野生亚洲象数量十分稀少，只有在云南的西双版纳和江城等地区才可以找到它们的足迹，数量不足 300 头，是我国的国家一级保护动物。东南亚和南亚的热带森林是亚洲象的主要栖息地。印度拥有世界上最多的亚洲象，也被叫做印度象，其次是马来西亚。此外，在孟加拉、缅甸、泰国和柬埔寨等 11 个国家也可以发现亚洲象的足迹。印度象、锡兰象、马来西亚象和苏门答腊象是现存的亚洲象的 4 个亚种。

虽然野生亚洲象的分布范围还比较广，但实际上它们生活的区域都被分割在几小块破碎的森林之中。由于象牙贸易的兴盛，一些偷猎亚洲象的行为是不容易被人们知道和察觉的，在我们工作学习的时候，不知道有多少亚洲象被杀害！

32. 黑白柽柳猴为什么得名“裸脸”

在巴西的热带雨林里生活着一种长相奇特的灵长类动物——黑白柽柳猴。为什么说黑白柽柳猴长相奇怪呢？

在黑白柽柳猴的身上，黑、白、褐三种颜色泾渭分明，从不互相掺杂。它的头部是黑色的，身体上半部分和前肢是白色的，后肢、尾巴和身体下半部分是褐色的。除了头部之外，黑白柽柳猴身上的其他部位都覆盖了一层厚厚的皮毛，而头部的毛发很少，又是黑色的，显得十分突出，因此又得名“裸脸”。与其他猴子红彤彤、富有喜感的猴脸不同，黑白柽柳猴的脸看上去有些可怕，尤其是当它张口冲你龇牙咧嘴的时候，就像是一只青面獠牙的凶兽。

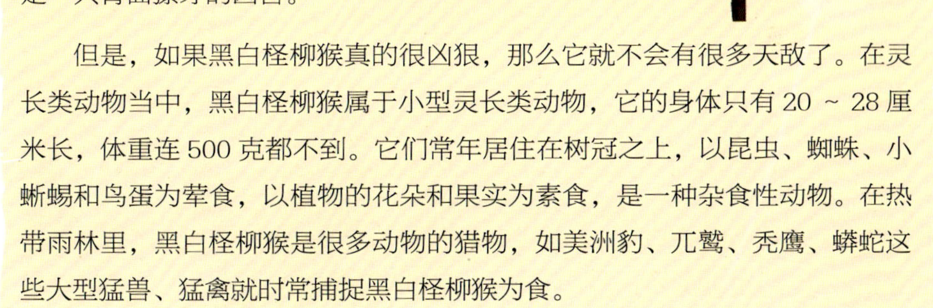

但是，如果黑白柽柳猴真的很凶狠，那么它就不会有很多天敌了。在灵长类动物当中，黑白柽柳猴属于小型灵长类动物，它的身体只有 20 ~ 28 厘米长，体重连 500 克都不到。它们常年居住在树冠之上，以昆虫、蜘蛛、小蜥蜴和鸟蛋为荤食，以植物的花朵和果实为素食，是一种杂食性动物。在热带雨林里，黑白柽柳猴是很多动物的猎物，如美洲豹、兀鹫、秃鹰、蟒蛇这些大型猛兽、猛禽就时常捕捉黑白柽柳猴为食。

与雨林中的许多其他动物一样，黑白柽柳猴正面临着灭绝的威胁，雨林的大量砍伐，最先受到影响的就是那些把家安在树木之上的动物。

33.世界上最小的猴分布在哪儿

猴是我们最常见且最熟悉的灵长类动物，世界上现存的猴子已知的一共有264种。在一些非正式的场合下，人们还习惯于将猩猩、长臂猿等类人猿统称为猴。山魈是世界上最大的猴种，它生活在非洲赤道附近的丛林里。雄性山魈体长可达1米，体重可达30千克。那么最小的猴又在哪儿呢？

中国古代，文人们喜欢饲养笔猴，它会帮助主人磨墨，累了就会爬到笔筒或桌上的角落里休息，它只有200克左右重，是一种十分乖巧、灵活的宠物猴。还有一种生活在亚洲热带丛林里的小型猴跗猴，它有一双特别大的眼睛，重150克左右，平均身长为15厘米。虽然这两种猴已经够小了，但它们还不是世界上最小的猴。

生长在南美洲亚马孙河上游森林中的侏儒狨，身高只有10～12厘米，体重在80～100克，它才是世界上最小的猴子。成年狨尚且如此之小，那么刚生下来的侏儒狨又有多小呢？新生的侏儒狨猴重约13克，仅有蚕豆般大小。因为侏儒狨实在是太小了，所以除植物外，它只能吃一些小昆虫，虱子是它们最喜欢吃的食物。

因为侏儒狨的娇小可爱，当地人喜欢将它作为宠物，那些还没有成年的侏儒狨常常被人们放在手掌上玩耍，或让它攀爬在人的手指上。但由于人为捕猎和自然灾害的影响，近些年侏儒狨已经有灭绝的危险。

侏儒狨

34. 马达加斯加岛上有多少种狐猴

与非洲大陆隔海相望的马达加斯加岛是一座神奇的岛屿，雨林、草原、荒漠并存于这片面积为587041平方千米的土地之上。茂密的雨林和广阔的草原为一些稀有动物提供了最后的避难所。狐猴是马达加斯加岛上的代表动物，除了马达加斯加岛，其他地方的狐猴都已经灭绝。

狐猴不单单指长得像狐狸的猴子，有些狐猴还与猫、鼠、浣熊等动物相似。狐猴的体型差异也很大，最大的有 60 厘米长，而最小的只有 13 厘米长。那么在马达加斯加岛上，一共生活有多少种狐猴呢？

人们在马达加斯加岛上一共发现了大约 50 种狐猴，这些狐猴都被列入了濒灭动物的名单中。它们当中有爱吃竹子的金竹狐猴，有像玩具熊一样可爱的鼬狐猴，还有像小猫一般的红腹狐猴……领狐猴是狐猴家族最大的成员，全身黑白相间；侏儒狐猴是最小的狐猴，只比侏儒狨大不了多少；环尾狐猴是唯一一种在白天出来活动的狐猴，它的标志是那条黑白相间的尾巴，细细数来，你会发现上面竟然有 11 个或 12 个圆环呢！维氏冕狐猴有一身漂亮华美的白色大衣，在绿叶的映衬下，显得格外美丽。在陆地上，维氏冕狐猴从不缓慢行走，而是高举着双手跳跃前进，似乎在跟着某种节拍起舞，宛若是一只“白色精灵”。

可是对于这些狐猴来说，马达加斯加岛还可以庇护它们多久呢？大约在 2000 年以前，马达加斯加岛上的第一批移民就已经开始砍伐树木、开垦土地，时至今日，已有近 80% 的热带雨林遭到了破坏，这剩下的 20%，还可以支撑多久呢？

35. 箭毒蛙究竟有多毒

神秘的热带雨林中，生活着许多你想象不到的野生动物。雨后的草丛里，一只美丽的青蛙正蹲在那儿休憩，看它那一身耀眼的皮肤，即使是在树丛的遮掩下，也依然艳丽夺目，它就是丛林中多彩的“杀手”——箭毒蛙。

箭毒蛙和所有的蛙类一样，喜欢生活在阴暗潮湿的地方，但它的外表却是与阴暗相反的鲜艳明亮。它们当中，有的穿着红色的“外衣”，有的披着宝蓝色的“晚礼服”，有的穿着青黑相间的“迷彩装”，还有的身着金色的“外套”，十分显眼。箭毒蛙就不怕被天敌发现吗？原来啊，在它们缤纷的外表下，却隐藏着杀人的“秘技”。当遇到危险的时候，它们的皮肤就会分泌出一种白色的液体，这种液体是一种非常毒的毒素，足以杀死任何动物。所以，在热带雨林，箭毒蛙根本不用畏惧任何动物，它那一身华美的外衣，似乎就是在警示其他动物不要来招惹自己。

在美洲的热带雨林里，有超过 175 种的箭毒蛙，但并非所有的箭毒蛙都含有剧毒。生活在哥伦比亚西北部的金色箭毒蛙是世界上最毒的青蛙，任何人或动物，只要与它有皮肤接触，就会中毒而死。一只金色箭毒蛙体内所储存的毒素足足可以杀死 2 万多只老鼠呢！所以，到中美洲和南美洲的热带雨林里探险的人们，如果没有捕捉箭毒蛙的经验的话，一定要与这一毒物保持距离！

目前箭毒蛙的数量由于各种原因正在迅速下降，许多蛙种被列入了濒危物种名单，如果人类不采取保护措施的话，也许在未来的某一天，我们的后代只能在博物馆看到这种美丽又令人敬而远之的“小毒物”了！

36.小蓝金刚鹦鹉几乎灭绝的原因是什么

还记得2011年上映的动画片《里约大冒险》里那只不会飞的蓝色鹦鹉"布鲁"吗？你知道布鲁为什么会称自己是世界上最后一只蓝色金刚鹦鹉吗？还有，那些坏人为什么想要将布鲁占为己有呢？下面，就让我们通过现实中的蓝金刚鹦鹉来解答这两个问题吧！

布鲁的原型是原本生活在巴西东北部的小蓝金刚鹦鹉，又名斯比克斯鹦鹉。1819年，一位德国自然历史学家斯比克斯首次发现了这种鹦鹉。此后，人们又在哥伦比亚、委内瑞拉、圭亚那、厄瓜多尔、秘鲁等多个国家发现小蓝金刚鹦鹉。

热带雨林是小蓝金刚鹦鹉的栖居地，由于人们对雨林的过度开发，导致了小蓝金刚鹦鹉的家园被破坏，生存区域逐渐缩小。而巴西政府从非洲引进的杀人蜂又杀死了大量小蓝金刚鹦鹉，造成了小蓝金刚鹦鹉族群的再次缩小。但这两种都还不是导致小蓝金刚鹦鹉几乎灭绝的主要原因，真正让它们濒于灭绝的是屡禁不止的盗猎行为。到1986年，世界上只剩下3只野生斯比克斯鹦鹉了。其中一对是夫妻，另一只是孤鸟。而这仅剩的3只鹦鹉却在之后的十几年中陆续被偷盗者抓走了，它们的下场不得而知。2000年是斯比克斯鹦鹉最悲痛的一年，因为在这一年，最后一只野生斯比克斯公鸟失踪了。至此，小蓝金刚鹦鹉野外绝迹，仅剩下60只左右的驯养鹦鹉。

布鲁为什么会认为自己是地球上最后一只蓝色金刚鹦鹉？因为现实中小蓝金刚鹦鹉处于极度濒危的状态，种群繁衍现状堪忧。而那些想要抓走布鲁的坏人就是现实生活中盗猎小蓝金刚鹦鹉的偷盗者，他们受金钱和利益的驱使而置动物的生死于不顾。

37. 鬣蜥可以在海里游泳吗

“鬣”音同“猎”，意为动物颈上生长的又长又密的毛，如马颈上的鬃毛。那么“鬣蜥”是哪一类蜥蜴呢？结合前面“鬣”的解释，我们不难明白“鬣蜥”指的就是那些颈部长有鬣毛的蜥蜴。鬣蜥的种类不多，比较著名的有海鬣蜥、陆鬣蜥和绿鬣蜥，其中，海鬣蜥是唯一一种可以在海洋里生活的鬣蜥。

位于太平洋东南部的科隆群岛是爬行动物和鸟类的天堂，会游泳的海鬣蜥就是科隆群岛的特有的物种，它广泛地分布于群岛内的所有岛屿上。不同岛屿上的海鬣蜥不仅体型有所差异,颜色也有所区别。海鬣蜥的相貌有些丑陋，就像是还没有进化好的史前动物，乍一看，令人恐惧。海鬣蜥栖息在海边的岩石之上，食物是海藻等水生植物。为了保持身体的热量，多数时间海鬣蜥都是懒洋洋地躺在石滩上晒太阳，它头上那一块白色的区域，是上岸后从鼻子里喷出的身体不需要的多余盐分。

海鬣蜥靠什么在海里觅食和游泳呢？相较于陆鬣蜥，海鬣蜥的尾巴十分长，几乎是它身体的两倍，它是海鬣蜥游泳的动力源泉。在水下，海鬣蜥还可以自我降低血液循环的速度，以减少热量的丧失。海鬣蜥的爪子呈钩状，又利又尖，使得它不仅能牢牢地攀附在岩石之上，不被大浪卷走，还能在海底爬来爬去，寻找食物，不被流水冲走。

虽然海鬣蜥的相貌没有进化完全，但为了能适应海里生活，海鬣蜥还是进化出了很多实用的本领！其实，鬣蜥中的多个种类，已被世界列为极度濒危的物种，世界各国的生态学者们，已在尝试通过各种手段来保护鬣蜥的种群数目。

38. 澳大利亚人民是如何保护鸭嘴兽的

鸭嘴兽是世界上最原始的哺乳动物之一，现存的同属之中，只有鸭嘴兽这一单一族群，无其他亚种。鸭嘴兽仅分布在澳大利亚东部地区和塔斯马尼亚岛上。种群单一、分布范围狭窄不正符合濒灭动物的判定标准吗？为什么鸭嘴兽的濒灭程度是无危呢？

其实在历史上，鸭嘴兽曾经一度濒于灭绝。鸭嘴兽刚被发现的时候曾经被认为是恶作剧，是一种不可能出现在地球上的动物。但当科学家们亲眼见识鸭嘴兽之后，它很快就成为人们竞相研究的对象。为了供科学家们研究所用，一些鸭嘴兽被制作成了标本。鸭嘴兽皮毛不仅柔软，而且保暖效果好，在 19 世纪到 20 世纪初 100 多年的时间里，因为毛皮而被猎杀的鸭嘴兽不计其数。

值得庆幸的是，澳大利亚政府很快就认识到了保护鸭嘴兽的重要性，官方将鸭嘴兽列为保护动物，严禁非法偷猎鸭嘴兽，并开展鸭嘴兽的保育计划，人工繁殖鸭嘴兽。澳大利亚政府还将其作为国家的象征，在民众中间广泛地宣传保护鸭嘴兽，甚至还为鸭嘴兽制定了专门的保护法规。

世界上的动物“活化石”，或多或少都面临着灭绝的危险，很少有像鸭嘴兽这样，受到当地人如此高度重视的保护。

鸭嘴兽纪念邮票(澳大利亚)

39. 聪明的狐狸也会灭绝吗

在故事《狐假虎威》中，狐狸懂得利用老虎的威风吓退百兽；《狐狸和乌鸦》里的狐狸用几句吹捧的话就让乌鸦丢掉了口中衔的肉；《狐狸和山羊》里的狐狸用假话哄骗山羊跳下了水井。在我们的印象中，狐狸一直是聪明和狡猾的化身，几乎没有动物不会上它的当。可是，在现实生活中，狐狸却也有保护不了自己的时候。

岛屿灰狐是美国最小的狐狸，也是世界上第二小的狐狸，它的大小和家猫差不多。岛屿灰狐一共有 6 个亚种，分别生活在位于加利福尼亚州南部海域的圣大巴巴拉群岛的 6 个小岛之上。这 6 位家庭成员都是谁呢？它们分别是圣米格尔岛屿灰狐、圣罗莎岛屿灰狐、圣克鲁兹岛屿灰狐、圣尼古拉斯岛屿灰狐、圣卡塔林纳岛屿灰狐和圣克利门蒂岛屿灰狐。它们的名字都是以它们所栖居的岛的名字来命名的。

在 20 世纪 90 年代之前，岛屿灰狐一直这些是岛上的“龙头老大”，它有自己固定的生活区域，能通过手段让其他动物对其臣服。但自从金雕来到了圣大巴巴拉群岛后，一切都变了。岛屿灰狐再不能悠闲地生活了，它们必须时刻提防着金雕的来袭。仅圣克鲁兹岛上的成年灰狐，就因为金雕的猎杀，

从 1994 年的 2000 头下降到了 2000 年的 135 头。在圣大巴巴拉群岛，金雕的数量足足是岛屿灰狐的 4 倍！岛屿灰狐即使再聪明，也对抗不了这么多的金雕啊！

除了金雕之外，造成岛屿灰狐濒灭的原因还有瘟疫的流行，猫、猪、山羊、野牛等外来物种的竞争，以及人类的捕杀。在这重重的压力下，岛屿灰狐该如何保护好自己呢？

40. 谁被称为“长翼的海上天使”

我们都知道世界上一共有七大洲四大洋，但是近年来，却有一种新的说法：七大洲五大洋。那多出的一个洋是什么呢？它就是南冰洋，包括南极洲附近的海域和南美洲南端及大洋洲南端的部分海域。而我们今天要说的这一种动物，就生活在南冰洋附近。

漂泊信天翁，信天翁家族中体型最大的成员，因为它一生当中有十分之九的时间都在海上漂泊飞翔，所以人们就为它取了这个名字。在现存的鸟类动物中，漂泊信天翁的翅膀最大最长，当它展开双翼的时候，你会发现连雄鹰都没有它的这份壮美。漂泊信天翁也是一种十分美丽优雅的动物，这份美丽不仅体现在它的外表上，还体现在内在。漂泊信天翁是一种十分重感情的动物。它们坚守爱情，一旦确定夫妻关系，除非另一方死亡，否则终身相伴；它们爱护家庭，信天翁一次只产一枚卵，当了父母的信天翁会轮流在家照顾孩子，另一只则出去寻找食物，它们会一直养育孩子，直到它长到父母的三分之二大，才放孩子独自生活。在很多人的眼里，重情的漂泊信天翁就像天使一样温暖人心，所以它被人们称为“长翼的海上天使”。

巨大的双翼赋予了漂泊信天翁杰出的飞翔能力，有时候它甚至不用挥动翅膀，只要张开双翅就可以在空中滑翔好几个小时。所以，除了“长翼的海上天使”之外，漂泊信天翁还有另一个美称——“杰出的滑翔员”。但是这种美丽的鸟儿自从被人类发现后，便蒙受巨大损失，加之繁殖能力低，现存数量十分有限，在 21 世纪中后期将会有灭绝的危险。

41. 企鹅幼仔为什么会成批死亡

2011年年初，一位美国摄影家在南极拍摄到了一组震撼人心的照片。照片中数百只帝企鹅俯卧在冰上，看上去十分痛苦，而在它们的旁边，是满地的企鹅幼仔尸体。是什么让这些小企鹅失去了生命？

帝企鹅的全名叫做皇帝企鹅，它是世界上最大的一种企鹅，身高可达 1.2 米，相当于人类七八岁小孩的身高。帝企鹅生活在南极，在这个世界上气候最寒冷、环境最恶劣的地方，企鹅却生活得十分惬意。浓密的羽毛替它们阻挡寒风，即使是在特别寒冷的季节，它们也可以相拥在一起取暖。冰雪之下有成群的鱼虾供它们食用，为什么帝企鹅长得胖乎乎的？就是因为海里的鱼虾多得都吃不完啊！而且帝企鹅没有什么天敌，所以它们从来不担心在陆地上会受到其他动物的袭击。

但当全球气候变暖之后，帝企鹅的生活就有些艰难了。气候变暖最直接的影响就是致使南极冰面融化，帝企鹅的栖息地大大减少了。其次是异常天气增多。现在在南极，经常发生冻雨天气，小企鹅身上还没有完全长出能御寒的羽毛，在寒冷的暴雨下，它们只能被活活冻死。磷虾是帝企鹅主要的食物来源，但因为气候变暖，磷虾的生长也受到了影响。现在在南极，已经没有那么多磷虾了，小企鹅们经常会有吃不饱的情况。失去家园、天气寒冷、食物短缺是造成小企鹅成批死亡的原因。

科学家们研究得出，如果全球气候变暖问题得不到遏制的话，不仅企鹅幼仔会大量死亡，那些已经成年的企鹅也会因为南极冰面的融化而无处藏身。

帝企鹅

42. 北极熊为什么变瘦了

我们都知道，老虎是森林里的霸主，别的动物见了它都会落荒而逃。而生活在北极的北极熊无疑是冰上的王者。好奇的你有没有想过，如果北极熊和老虎打架，谁会是胜利的一方呢？

这是一件很难实施的事，因为老虎去不了北极，而北极熊也到不了老虎栖息的森林。但有一点是可以确定的，那就是北极熊有着连老虎都会羡慕的健壮身躯。北极熊是陆地上第二大食肉动物，排在它前面的是它的表亲科迪亚克棕熊，一只成年的北极熊体重可以达到 550 千克以上。在这 550 千克的身体里，有 60% 都是脂肪，正是有了这些脂肪，北极熊才可以在北极生存下去！它不仅是北极熊抵御寒风的保暖层，还是它们休眠时的能量来源。但现在，我们却很少能看到健壮的北极熊了，这是为什么呢？

我们都知道，北极是没有大陆的，只有一些海岛和常年冰封的海洋。北极熊以浮冰为家，靠捕猎海豹和鱼类为生。但全球气候变暖不但使北极冰川融化，还影响着北极熊食物的生存环境。海豹虽然常年生活在水下，但到了哺乳季节，母海豹会爬到岸上或浮冰上来生育幼仔。没有海冰意味着海豹幼仔将面临着一出生就淹死的命运。缺少食物的北极熊就这样日渐消瘦下去。为了寻找食物，北极熊往往要在水里游上好几天，如果中途没有遇上浮冰可以歇息一下的话，它们最后只能精疲力竭地死在海里。为了生存，北极熊内部甚至出现了自相残杀的现象，它们开始以同类为食。

有人预言北极熊会在 21 世纪灭绝，你觉得这是危言耸听吗？

43. 野生的双峰骆驼还有多少

有一种动物，它可以穿过茫茫沙漠，可以长时间地忍受饥渴。它有着深棕色的毛发、粗壮的四肢、浓密的睫毛和小巧的耳朵。在一望无际的沙漠里，它就像是行驶在沙海里的一艘小船，它就是“沙漠之舟”——骆驼。

骆驼是十分常见的动物，但现在大多都是人工驯养的骆驼，野生骆驼已经很难见到了。骆驼分两种，即单峰骆驼和双峰骆驼，它们主要分布在亚洲和非洲，野生单峰骆驼已经灭绝了，只有少量野生双峰骆驼还分布在中国的西北地区和蒙古国境内。

与人工驯养的骆驼相比，野骆驼的体型比较高大、纤瘦。因为要完全依靠自己的本领寻找食物，还要躲避荒野中狼和雪豹的追杀，野骆驼更加机警，也更有耐力。它们可以仅凭嗅觉就寻找到水源，也可以长时间不喝水，还可以持续地奔跑。

19 世纪中期以前，因为人类的捕杀和驯养，野骆驼一度被认为已经从地球上永远消失了。当传出在中国新疆发现了野生双峰骆驼的消息后，一大批科学家和探险家开始涌入新疆。位于新疆东南部的罗布泊和阿尔金山附近是野骆驼的主要活动区域，为了保护这一稀有的濒灭动物，政府在有野骆驼出没的地方建立了自然保护区，将野骆驼与其他动物一起纳入保护伞下。现在，野生双峰骆驼的数量在 1000 只左右。

在荒凉的沙漠中，骆驼是最值得人们尊敬的动物。十几个世纪以前，它就帮助人们在沙漠中运送行李、辨别方向，我们不能因为有了足够多的驯养的骆驼，就忽视了这些在野外生存的人类最初的伙伴。

44. 为什么弓角羚羊不喝水

兔子、青蛙、袋鼠，你认为它们当中谁最善于跳跃？今天要介绍的这一种动物，它也十分擅长跳跃，奔跑起来会将敌人远远地甩在身后，它是谁呢？

这位运动健将就是弓角羚羊。它在遇到敌人的时候，常常会拱起背部，4只腿聚拢在一起，然后用力向下一弹，就能跳得很远很远，有时候就连豹子都追不上它。它还会边跑边向同伴发出警告。在弓角羚羊的背部脊椎处有一道褶皱，褶皱里的毛是白色的，当它奔跑的时候，身上的皮肤就会展开，褶皱也会抚平，背上就会出现一条白色的纹路，在棕黄色的皮毛中格外突出，同伴们看见了，就知道有危险靠近了。

弓角羚羊还是一种从不喝水的动物。水是生命之源，不喝水的弓角羚羊还可以活下去吗？原来啊，弓角羚羊只是不直接饮水，但是会从植物中吸取水分来维持生命。炎热的沙漠地带，阳光毒辣，水源稀缺，植物稀少，为了寻找青草，弓角羚羊不得不在撒哈拉沙漠里不断迁徙行走，找到水草丰美的绿洲才停下来休息。青草不仅可以果腹，还是它的“生命之源”，所以，对弓角羚羊来说，哪怕环境再恶劣，哪怕旅途再劳顿，它也一定要找到青草。

弓角羚羊分布于非洲的西南部，为了获得它们的羚羊角和皮毛，人们曾大量捕杀这一动物。在中国，也有一种弓角羚羊，它被称为中华对角羚，是比大熊猫还要珍贵的濒危动物。

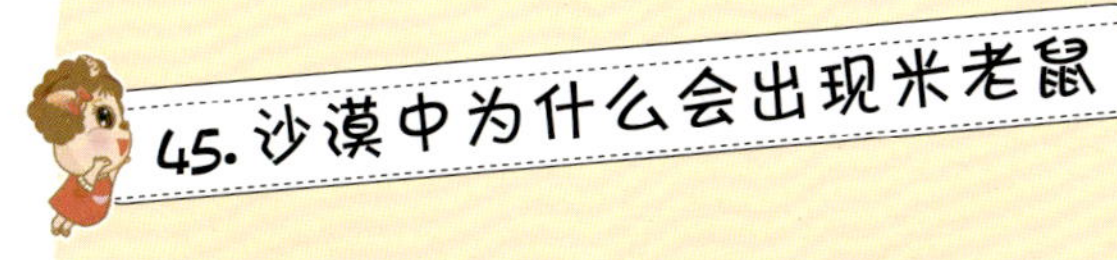

45. 沙漠中为什么会出现米老鼠

迪斯尼乐园里有一个穿着黑色小西装、红色的短裤、黄色的鞋子，戴着白色手套的卡通人物，你猜出它是谁了吗？它就是米老鼠！可爱的米老鼠和唐老鸭，给我们的童年带来了许多的欢声笑语。如果我告诉你，这个世界上真的有一种动物叫米老鼠，你会不会感到惊喜呢？

与卡通米老鼠穿新衣、受人喜爱不同，现实中米老鼠境遇有些不佳。它不仅生活在气候干旱、环境恶劣的沙漠之中，还正面临着将要灭绝的危险。它就是生活在沙漠中的长耳跳鼠，因为有着和卡通米老鼠一样大大的耳朵，前肢短而后肢长，可以站立，所以它被称作“沙漠中的米老鼠”。

长耳跳鼠的身体非常小，身长在 8 ~ 11 厘米，但它的尾巴却比身体还要长，有 15 ~ 19 厘米。长耳跳鼠最突出的特征就是它那一对大耳朵，几乎是它脑袋的 3 倍大！大耳朵也造就了长耳跳鼠绝佳的听力，寂静的夜晚，只要有一点点的风吹草动，它就会立马逃得远远的。

但是，机警的长耳跳鼠也没有逃掉濒灭的命运。沙漠的日益干旱使得昆虫几乎都被晒死了，长耳跳鼠的觅食变得越来越困难。但这还不是长耳跳鼠的最大威胁。随着沙漠地区非法采矿业的兴盛，猫被人类携带到了这里，在猫的利爪下，长耳跳鼠根本无处可逃。一只饥饿的猫一个晚上就能捕捉到 20 只跳鼠！

能在艰苦的沙漠中生存，小小的长耳跳鼠已经很了不起了，我们要做的，只是不让自己不正当的行为影响到它们的生存，这很简单，不是吗？

长耳跳鼠纪念邮票(蒙古)

水生动物是生活在河流、湖泊、海洋里的动物，除了最常见的鱼之外，你知道还有哪些动物是生活在水中的吗？其中又有哪些动物正面临着灭绝的危境？鳄鱼到底有多凶狠？那美丽梦幻的人鱼公主，是否真的存在？珊瑚是动物还是植物呢？接下来，让我们一起去探访水生濒灭动物的种种不可思议，探究它们在水中世界的生活吧！神秘的水生濒灭动物世界，有许多奥妙在等着我们去探索！

第三章

不可思议的水生濒灭动物

46. 南美洲最大的掠食者是谁

说到凶猛的食肉动物，你最先想到的是谁？老虎、鲨鱼，还是史前猛兽霸王龙？但有一种动物你可千万不能忽略了，那就是有着一身坚硬的盔甲和一张血盆大口的鳄鱼。今天，我们要了解的就是南美洲最大的食肉动物——奥里诺科鳄鱼。

湾鳄是目前公认的现存最大的鳄鱼，成年雄性湾鳄一般有 4 ~ 5 米长，最大可超过 7 米。比起湾鳄，奥里诺科鳄鱼也毫不逊色。成年雄性奥里诺科鳄鱼体长平均为 4.1 米，堪称鳄鱼家族的巨头之一。历史上发现的最大一只奥里诺科鳄鱼体长可是达到了 6.6 米呢！

奥里诺科鳄鱼因为生活在奥里诺科河而得名，只在委内瑞拉和哥伦比亚这两个国家才能看见它的踪迹。虽然大部分时间，它总是静静地待在水中一动不动，但只要一有动物靠近，它就会立马扑身而起。不论是水里游的鱼、天上飞的鸟，还是偶尔路过的哺乳动物，都是奥里诺科鳄鱼的猎物。有时候，它还会向它的邻居凯门鳄发起攻击，将其撕裂入腹。在南美洲，没有任何一种动物是奥里诺科鳄鱼的对手。

近年来，奥里诺科鳄鱼家族已经很少出现 5 米长的大个儿了，它已是世界上最濒危的动物之一，这是什么原因呢？原来啊，因为国际上鳄鱼皮贸易的兴盛，偷猎者将主意打在了奥里诺科鳄鱼的身上，往往一只鳄鱼还没有成年就被残忍地猎杀。

47. 野生暹罗鳄还剩下多少只

鳄鱼是从恐龙时代就生活在地球上的古老生物之一，它的种类很多，除了寒冷的南极洲之外，其他六个大洲都有它们的家庭成员。现在，让我们把目光从南美洲移到亚洲，来看一看原产于东南亚的中型淡水鳄鱼——暹罗鳄。

“暹罗”是泰国的古称，历史上暹罗鳄曾广泛分布于泰国，所以就有了“暹罗鳄”这个称呼。但这并不代表只有泰国才有暹罗鳄哦！因为相似的地理环境，印度尼西亚、马来西亚等东南亚其他国家也有暹罗鳄分布。沼泽、湖泊和流速较缓的河流是野生暹罗鳄的栖居所在。

近年来，暹罗鳄鱼皮在国际市场上十分受欢迎，再加上暹罗鳄的饲养成本低、繁殖能力强，所以，暹罗鳄被许多国家大量引进和养殖。尽管人工饲养的暹罗鳄有很多，但野生暹罗鳄的数量却极其稀少，国际上曾经一度认为这一品种已经野外灭绝。在东南亚，到底还剩下多少只野生暹罗鳄？

除了在野生动物保护区内残存的少数个体，泰国几乎已经见不到野生暹罗鳄了。作为暹罗鳄原产地之一的越南，现在就只有100条左右了。而马来西亚和印度尼西亚的暹罗鳄也几乎已经绝迹。柬埔寨和老挝是目前仅剩的两个有少量野生暹罗鳄聚集的国家，它们生活在湄公河流域。科学家们通过调查估计，野生暹罗鳄数量少于5000只。

暹罗鳄除了皮甲十分受欢迎外，它的肉也十分受人喜爱，具有滋心润肺、补肾固精、止血化痰等功效。不只如此，暹罗鳄的肉中还含有一种抗癌物质，能够抑制肿瘤细胞的生长，它的头、脚、牙、爪还可以加工成纪念品。正是这些，才为暹罗鳄招来了杀身之祸啊！

48.鲶鱼也可以如灰熊一般大吗

你能想象一条长得和灰熊一样大的鱼是什么样子的吗？如果告诉你现实中真的存在这样的鱼，你会相信吗？千万不要认为这是在说神话故事哦！因为，事实就是如此。

湄公河是东南亚最长的河流，它发源于我国的唐古拉山，流经包括中国、缅甸、泰国在内的 6 个国家，在中国境内被称为澜沧江。湄公河的沿岸生活了很多居民，河内也生活着许多珍贵的淡水鱼类，最著名的就要数湄公河巨型鲶鱼了。

湄公河巨鲶是世界上最大的淡水鱼种之一，成年雄鱼平均身长 243 厘米，体重 163.44 千克。2006 年 7 月，当地村民在泰国北部地区的湄公河发现了一条长 270 厘米、重 263 千克的雌性巨鲶，这是世界上有记录的最大一条淡水鱼。现在，我们再来看一下灰熊的大小。灰熊的平均身长为 198 厘米，成年雌性灰熊体重一般在 130 ~ 200 千克，雄性灰熊的体重则在 180 ~ 360 千克。如此对比一看，湄公河巨鲶还真是如灰熊一样粗壮，它的身体甚至比灰熊还要长呢！

但是这样的庞然大物却是高度濒危的濒灭动物。因为上游水坝的修建，阻碍了湄公河巨鲶的洄游，使其无法回归故乡产卵、繁衍后代。过度的捕捞也导致湄公河巨鲶的数量一再减少。

湄公河是大型淡水鱼类的家园，除了巨鲶之外，巨型淡水黄貂鱼、暹罗巨鲤也是需要好几个人才能抱住的庞然大物。但随着湄公河流域生态环境的恶化，这些珍稀的巨型鱼类现状堪忧。

平胸龟纪念邮票

49. 平胸龟的头为什么不能缩入壳内

乌龟是一种非常胆小的动物，每当它遇到危险的时候，就会把头和四肢缩入壳内。但是，在我国南方却有一种奇特的乌龟，它从来不将头缩进壳里，这是为什么呢?

这种不会缩头的乌龟叫做平胸龟，因为它的头和四肢相较于扁平的龟壳而言，实在是太大了，所以无法收进龟壳里，人们也就形象地称呼其为“大头龟”。大头龟的奇特之处可不仅仅在此，你知道我国神话传说中有哪些神兽吗?细细观察一下平胸龟，你就会发现它的尾巴不仅长而且附有鳞片，就像是龙的尾巴一样，而神兽麒麟的尾巴也是这个样子的!麒麟、凤凰、乌龟、龙是古籍中记载的“四灵”,而在小小的平胸龟身上就聚集了“三灵”的特征，这是多么神奇的一件事啊!我们再将目光移向平胸龟的头，你会发现它的头与鹦鹉长得很像，转动的眼珠、尖尖的向下弯的嘴，看起来十分调皮。

得益于锋利的龟爪和强韧的尾巴，平胸龟能够轻松爬上树木和岩石，除了鱼虾之外，小鸟也是它的食物。平胸龟不怕任何动物，遇到危险时，它的嘴巴、利爪和尾巴就是的武器，它还会不时地发出怒吼声，吓走敌人，连山鹰都不太敢招惹平胸龟呢!

平胸龟喜欢生活在布满小石头的水流湍急的山涧中，除了我国南方，在东南亚国家也可以见到这种奇特的动物。由于人类的捕捞过度，平胸龟曾一度濒临灭绝，目前在我国属于二级保护动物。

50. 白鲟为什么会有很多个名字

鲟鱼是世界上现存最古老的鱼类之一，它的存在，可以追溯到距今2亿多年前的白垩纪时期，是当之无愧的“水中活化石”。中国的鲟鱼资源较为丰富，除了我们熟知的中华鲟之外，还有匙氏鲟、达氏鲟、白鲟等7种鲟鱼。今天，我们来说一说我国的国家一级保护动物——白鲟。

与其他鲟类相比，白鲟的颜色较浅，近似灰白色。它是匙吻鲟的一种。为了与国外的匙吻鲟鱼区别开来，人们通常会在它的名字前面加上“中华”二字。与一般匙吻鲟凸起的木桨状的嘴巴不一样，白鲟的吻部平直如剑，所以，白鲟又被称为中国剑鱼。生活在长江中下游的白鲟，是沿岸渔民捕捞的对象。四川民间就有“千斤腊子万斤象”之说，其中象指的就是白鲟。我们都知道大象的鼻子非常之长，而白鲟的嘴巴也很长，所以在民间，人们就以“象鱼”“象鼻鱼”来指代白鲟。白鲟的名字还真是多啊！

在古代，白鲟被称为“鲔”，曾广泛生长在长江流域内的江河湖泊之中，但现在，白鲟却几乎已经绝迹。由于长江流域生态环境的恶化，上游大型水库的建立，导致白鲟可以生存的范围越来越小，再加上渔民的过度捕捞，早在20世纪，白鲟就已经被列入濒灭动物的名单中了。

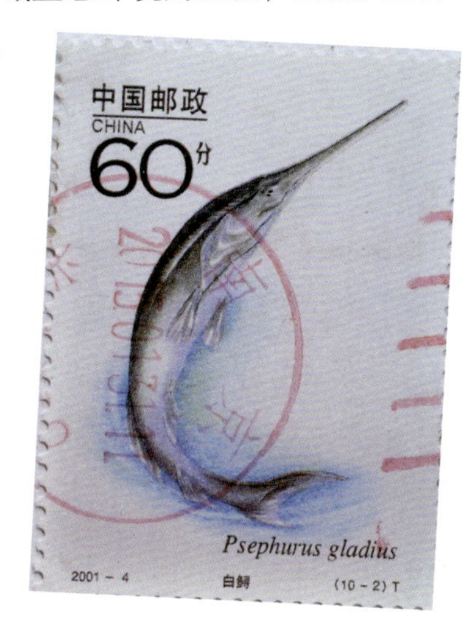

虽然人们已经认识到了保护白鲟的迫切性，但长江流域的水坝和屡禁不止的捕捞行为仍然是白鲟生存繁育的障碍。如果我们无法为白鲟营造一个没有污染、没有伤害的家园的话，那么在不久的将来，白鲟将彻底从地球上消失。

51. 南美大水獭到底有多聪明

在亚马孙河流域，有一种罕见的巨型水獭，与我们在电视上见过的娇小可爱的水獭不同，这位水獭家族的庞然大物身长在1.8米左右，若是站起来的话，比大多数人还要高呢！我们常将四肢发达与头脑简单连在一起，但大水獭却是一种四肢发达、头脑也发达的动物，它到底有多聪明呢？

亚马孙丛林里生活着很多猛兽，有美洲豹、水蚺、凯门鳄，若论武力，大水獭绝对不是这些动物的对手，但大水獭却会利用自己的优势与它们周旋。比如说对抗水蚺，几只大水獭会分散站在四方，不停地骚扰它，使它疲惫。有时，年幼的水蚺和鳄鱼还会成为大水獭口中的食物。大水獭还十分擅长捕鱼，只要是它看上的，就没有一条能够溜走，因此，它被称为当地淡水鱼的“头号杀手”，连资深的渔民都比不过它。

大水獭经常会拿着一块石头在水里游来游去，它在干什么呢？原来啊，这是它在为进食做准备，只要捞到贝壳，它就会先用石头把贝壳敲碎，然后再吃里面的贝肉。算算时间，大水獭竟比人类还要更早开始使用石器呢！不但狡猾的兔子为自己准备好几个窝，南美大水獭也是这样的呢！它行踪诡异，喜欢将巢穴安在陡峭或草木茂盛的地方，而且隔一段时间就会换一个窝，让你根本找不着它。

尽管大水獭十分聪明，很会照顾自己，但由于亚马孙河流域环境污染的加剧和猎人的捕杀，生存下来的大水獭已经不多了。

52. 河里面也有海豚吗

在世界濒灭动物的名单中，有两种大名鼎鼎的水生哺乳动物——白鱀豚和印河豚，它们一种生活在长江流域，一种产自印度河。在我们的印象中，海豚不是生活在海洋里的吗？为什么淡水河流里也有海豚呢？

既然鱼可以分淡水鱼和咸水鱼，那同样生活在水里的海豚为什么不可以有淡水和咸水之分呢？虽然大多数的海豚都是生活在海洋里的，但还是有几种生活于淡水之中，白鱀豚和印河豚就是其中之二，它们被称为“淡水豚”。那么淡水豚一共有几种呢？

告诉你们哦！白鱀豚、亚马孙河豚、恒河豚和印河豚是世界上四大淡水海豚。其中，白鱀豚无疑是最濒灭的一种，2007 年，它被宣告为功能性灭绝。体型最大的淡水豚是亚马孙河豚，又被称为“粉红河豚”，但不是所有的亚马孙河豚都是粉红色的，还有暗褐色的、灰色的、灰蓝色……与其他淡水豚相比，亚马孙河豚所栖息的环境暂时还没有受到破坏，所以它们的濒灭程度还不是很深。恒河豚分布在印度、孟加拉、尼泊尔和巴基斯坦，它是一种长得不太好看的河豚，外表与鳄鱼有些相似，即使是闭着嘴巴，长长的牙齿也会露出来，看上去有些狰狞。因为恒河流域生态环境的恶化，恒河豚的数量也受到了影

响。近年来，由于加强了对淡水豚的保护，一些河豚的濒灭状况得到了遏制，尤其是印河豚，由于人们对它的保护得当，它的数量正在缓慢地上升。

真希望所有的淡水豚都可以在人类的保护下摆脱濒灭动物的称呼！

53.世界上现存最大的动物是谁

什么动物最庞大？老虎，狮子，还是大象？这些都不是，自恐龙、远古巨鳄等远古动物消失以后，目前地球上体积最大的动物就要数蓝鲸了。它生活在辽阔的海洋中，当它浮在水面上的时候，远远望去就像一座蓝色的海岛。

蓝鲸究竟有多大呢？它的平均长度为 25 米，相当于 9 层楼的高度。非洲象是陆地上最大的哺乳动物，但 30 只非洲象的重量加起来才能抵得上一头成年蓝鲸的重量。由此可见，蓝鲸的大小实在是其他动物无法相比的。也许有人会问，蓝鲸如此之重，它在海洋里是如何让自己不下沉的呢？这就归功于它那同样庞大的身体面积了！我们都知道水是有浮力的，将两个重量相同却形状不同的物体放在水中，我们会发现，底部与水的接触面积较小的那个物体下沉得比较深，而接触面积较大的那个物体则下沉得比较浅。蓝鲸的重量虽然大，但它们的体积也很庞大，因此它们排开水的质量比自身质量要大，所受到的浮力就更强，因而也就不用担心会沉到海底的问题了。

与其他鲸类的短小壮硕相比，蓝鲸的身体就像是被人为地特意拉长似的，整个呈流线型，看起来很像一把剃刀，所以它还有个有趣的别名叫“剃刀鲸”。

19 世纪末，蓝鲸遭到捕鲸人大量捕杀，再加上海洋环境的污染，1960 年国际捕鲸委员会开始禁止捕杀蓝鲸时，全世界的蓝鲸数量已减少到不到 100 年前的 1%。好在已经有越来越多的国家意识到保护这种濒危动物的重要性，在大西洋、太平洋、北冰洋和印度洋，都有少量蓝鲸的分布。如果你出海远洋时有幸见到蓝鲸喷水的场景，千万不要忘记用相机记录下来哦！

54. 谁号称“动物王国的潜水冠军”

抹香鲸

在没有任何装备的辅助下，一般人潜水可以下沉到距水面10米左右的深度，世界吉尼斯纪录的是162米，但如此的纪录，比起抹香鲸可就差得远了。

也许有人说，抹香鲸本来就是生活在海里的，潜水不就是它的本能吗？但是，抹香鲸可不是鱼类，它和人类一样用肺呼吸，每隔一段时间就需要浮出水面换气。每种鲸鱼在水下待的时间都不一样，有的8分钟，有的30分钟，有的50分钟，也有超过一个小时的。抹香鲸不仅可以在水下待两小时之久，还能够下潜至水深2200米处，平常的活动范围也是在距水面1000米深的海域，堪称“动物王国的潜水冠军”。抹香鲸还是世界上体型最大的齿鲸，体长在10 ~ 20米，体重最高可达50吨，宽大的尾鳍是它在水中前进的动力，只需要一分钟，就可以潜水320米。

但抹香鲸的出名却不是由于它出色的潜水能力，而是由于它体内的龙涎香。龙涎香是偶尔形成于抹香鲸肠道里的一种灰褐色物质，它不仅是名贵的香料，还是一种具有化痰、利气、活血功效的药材。并不是所有的抹香鲸体内都有龙涎香，仅有1%左右的鲸鱼体内才能形成，因此市场上的龙涎香价格十分昂贵。

抹香鲸得名于龙涎香，但也正是由于这一稀有物质才使得人们对抹香鲸大开杀戒，尤其是体型较大的雄性抹香鲸更是捕鲸者的首选。尽管抹香鲸的数量还没有下降到危险程度，但雄性的缺失对它们的后代繁殖却造成了很大影响，未来抹香鲸的数量将越来越少。

55. 你知道"护士鲨"名字的由来吗

每当我们因为生病而需要打针吃药的时候，护士阿姨就会在一旁安慰、照料我们，她们就像是白衣天使一样。当提到鲨鱼的时候，"凶残""吃人"这一类的词总会在我们脑海中浮现。但如果告诉你在凶猛的鲨鱼中也有一位叫做"护士"的成员，你会不会感到很惊奇呢？

护士鲨是生活在太平洋和大西洋海域的一种数量极少的鲨鱼。它为什么叫做护士鲨呢？是因为它会替其他鲨鱼料理伤口吗？还是因为它与护士长得很像？其实都不是。护士鲨真正的名字是"铰口鲨"，看上去有些凶狠。因为它的头部形状与护士阿姨头上戴的护士帽很像，因此才被人们称为"护士鲨"。

也有一种说法称"护士鲨"名字来源于一个美丽的误会。最初，西方科学家发现铰口鲨的时候，是将它归入猫鲨科的类别中的，英文的"猫鲨"是"Nusse"，而"Nusse"又与英文单词护士"nurse"发音相近，一不小心就易将"Nusse"听成了"nurse"，猫鲨也就变成了护士鲨。虽然后来发现铰口鲨不属于猫鲨科，但"护士鲨"的名字却被人们记住，使用至今。

护士鲨是性情比较温顺的一种鲨鱼，从不会主动攻击人类，但它的身上还是有着鲨鱼的本性。比如小鲨鱼在妈妈肚子里的时候就会相互厮杀，吃掉它们的同伴，直至剩下一两只。虽然残忍，但这恰恰却是自然界优胜劣汰的法则。

护士鲨

1984 年，澳大利亚就宣布护士鲨为濒灭物种，并积极采取保护它的栖息地、试管培育等措施，希望在不久的将来，这种样貌凶猛，其实很温驯的鲨鱼能远离灭绝的危险吧！

56. 渔民口中的“海上霸王”是谁

海洋里最凶猛的动物是谁？是有着“食人鲨”之称的大白鲨吗？还是体积最为庞大的蓝鲸？不对，即使是凶残的大白鲨，都会成为它口中的食物，它就是真正的“海上霸主”——虎鲸。

虎鲸隶属于海豚科，是海豚家族最大的成员，刚出生就有 2 米多的身长，成年后会长至 8 ~ 10 米，立起来差不多就是 3 层楼的高度呢！它的体重在 9 吨左右，相当于一辆中型卡车的载重量。虎鲸的背部为黑色，腹部为白色，十分容易辨认。当它游动在海面上的时候，高高竖立的背鳍就像是一道迎风而立的黑帆。虎鲸不仅有着一口锋利的牙齿，还十分擅长突袭，企鹅、海豹等动物很难从它的口下逃生。虎鲸还喜欢几只或是几十只聚集在一起生活，常常采用团队合作的方式捕食猎物，就连须鲸和大白鲨都不是它们的对手，它也是“海洋杀手”大白鲨唯一的天敌。

除此之外，虎鲸还是一位出色的语言大师呢！科学家通过研究发现，虎鲸不仅可以像海豚一样发出嘹亮的鲸歌声，还可以发出 62 种不同的声音。例如它能发出类似生锈的拉链锯齿摩擦的声音来恐吓鱼类，使它们晕头转向，丧失行为能力。它还是一位非常聪明的猎食者，会装成死尸漂浮在海面上吸引海鸟、乌贼；会故意搁浅在无人的海滩，让海豹和海狗放松警惕；会利用自己的身体优势让鲨鱼的身子翻转起来，使对手丧失攻击力。虎鲸真是一位力量与智慧兼具的“海上霸主”！

虽然虎鲸的分布范围很广，全世界的海域基本都有它们的身影，但随着捕鲸活动的猖獗和海洋污染的加剧，虎鲸的数量已经有了明显的下降趋势，如果不施加保护的话，虎鲸的未来可想而知。

57. 海豚救人之谜揭开了吗

海洋里最受人们喜爱的动物是谁？不用说，一定是海豚了，它那可爱的模样、温顺的性格无不让人心生好感，人们亲切地称呼它为“人类的好朋友”。为什么海豚会成为人类的好朋友呢？这就要从海豚救人的故事说起了。

早在公元前的古希腊就流传着一则海豚救人的故事：音乐家阿里昂在意大利巡演后乘船返回希腊的科林斯，却因为携带了大量钱财而被水手谋害。阿里昂自知性命堪忧，便祈求水手们让他最后再唱一首歌，歌声吸引了许多海兽围聚在船的周围。当他被水手扔下船时，一只海豚救了阿里昂，并驮着他到了伯罗奔尼撒半岛。1964 年，一艘日本渔船在野岛附近的海域沉没，当时船上的 10 个人中有 6 个都被淹死了，而幸存的 4 人都是在海豚的帮助下才游回岸上。

为什么海豚会救人呢？这源于海豚的母性。海豚是鲸目动物的一种，是用肺呼吸的哺乳动物，每隔一段时间就需要浮出水面换气呼吸。刚出生的小海豚还不太会游泳，需要母海豚用嘴巴将它托起浮在水面上，直到它能够自主地换气为止。海豚在海上看见溺水的人类，以为这是溺水的小海豚，于是就前去营救。海豚是动物世界智商较高的动物之一，有人认为海豚是知道人在海中遇到了危险而去救人，这是它见义勇为的行为。还有一种说法认为海豚救人是因为它把落水的人当成了玩具，玩性大发而不断将人顶出海面。

不管海豚救人是出于什么原因，海豚确实会救人。由于人为伤害及海洋污染，现存的海豚数量不容乐观，对于这样一位慷慨救人的好伙伴，我们是不是应该更友善地对待它呢？

58.小头鼠海豚有哪些生存威胁

在墨西哥西北部的加利福尼亚湾生活着一群小头鼠海豚，数量为100 ~ 300只，是世界上最濒危的动物之一。大家可千万不要因为它叫“鼠海豚”就把它当作海豚的一种哦！虽然鼠海豚长得有些像海豚，但它们却是两种不同的鲸。

小头鼠海豚是体型最娇小的鼠海豚，即使是成年后也不足1.5米长。如何区分小头鼠海豚与海豚，看它们的眼睛就知道了。小头鼠海豚的眼部有一圈明显的黑色眼圈，就像是长了一对熊猫眼。它没有长长的嘴喙，嘴唇也是黑色的，身体比海豚要圆润一点儿。因此，小头鼠海豚的可爱一点也不逊色于海豚。

小头鼠海豚是幸运的，它是极少数未被人们捕猎的鲸鱼之一；它又是不幸的，虽然人类不想捕捉它，但它却总是被渔网误伤。每年都会有几十只小头鼠海豚被渔民所使用的坚硬细密的渔网所杀，而这原本是用来捕捞大型黄花鱼的，本就稀有的小头鼠海豚因此越来越少。小头鼠海豚喜欢生活在浅海靠近海岸的区域，但由于流入加利福尼亚湾的科罗拉多河水量的减少，浅海的水域逐渐缩小，小头鼠海豚的栖息地也被迫不断缩小。也因为靠近陆地，浅海的污染较深海更为严重，生活在日益浑浊的海水中的小头鼠海豚也越来越虚弱。

尽管墨西哥政府为了保护小头鼠海豚而划定了一块禁止渔网捕捞的区域，但真正能让小头鼠海豚族群扩大起来的却是一个安宁、澄净的海洋环境。

59. 海豹也可以生活在热带海域吗

一片白雪皑皑的冰面上，突然伸出了一个圆滚滚的脑袋在东张西望着，原来这是一只出来觅食的海豹。我们平常所知道的海豹不是生活在北极就是生活在南极，它们与北极熊、企鹅为伴，游弋在寒带和温带海域。但有一种例外，那就是夏威夷僧海豹，世界上唯一一种生活在热带地区的海豹。

极具热带风情的夏威夷群岛不仅是著名的度假胜地，还是僧海豹这一古老物种的最后两处栖息地之一，另一处则是地中海。僧海豹的历史可以追溯到1500万年以前，曾经在黑海、地中海、加勒比海等海域随处可见它们的身影，但如今，不论是夏威夷僧海豹还是地中海僧海豹，都处于极危的状态。

僧海豹是体型较大的海豹之一，身上披满棕灰色的短毛，圆圆的脑袋，看起来就像是和尚的头一样，故而得名。夏威夷僧海豹与生活在温带、寒带的远亲有着不一样的生活习性。每到发情季节，其他海豹都会到岸上或冰面上交配，而夏威夷僧海豹却是在水中进行交配的，一旦雄海豹遇到了雌海豹，就会对雌海豹穷追不舍，直到雌海豹同意与它生下后代。游泳游累了的僧海豹还非常喜欢晒太阳，它们通常在夜间捕食，所以白天总能见到夏威夷僧海豹懒洋洋地趴在沙滩上的场景。

是不是很想去温暖的夏威夷海滩一睹僧海豹晒太阳的样子？可惜现在这样的场景已经很难见到了，由于人们的捕杀、食物的匮乏、海平面上升等种种原因，夏威夷僧海豹的数量已经不足千只，而它的表亲地中海僧海豹的数量已不足500只。

60.珊瑚是动物还是植物呢

澳大利亚大堡礁、西沙群岛的珊瑚岛、洪都拉斯的罗阿坦堡礁……五光十色的珊瑚群就像是一座座富丽堂皇的宫殿镶嵌在海中，吸引了无数的海洋生物，也让人类为之惊叹不已。

五颜六色而又千姿百态的珊瑚，有红色、白色、蓝色、黄色……有的像花朵，有的像柳树，有的像仙人掌……因为珊瑚常常固定在海底不动，就像是从海洋底部的岩礁中长出来的一样，因此很多人认为珊瑚是一种植物。实际上，珊瑚是一种腔肠动物，同为腔肠动物的还有水螅虫和水母。珊瑚是十分畏寒的一种动物，因此只有温暖的热带和亚热带海域才有珊瑚，它们主要分布在靠近大陆的浅海区域。我们通常所见的成片的珊瑚群其实是由珊瑚和死去珊瑚的骨骼组成的，二者同称为珊瑚。如果要将它们区别开来的话，可以将活着的珊瑚称为“珊瑚虫”，将它们尸体的骨骼化石称为“珊瑚石”。

珊瑚不仅是一种海洋动物，还是一种濒于灭绝的海洋动物。珊瑚对环境的变化十分敏感，气温的升高或下降、水体的酸碱性变化都会引起珊瑚虫的大量死亡。澳大利亚的大堡礁是世界上最大的珊瑚礁群,但由于全球气候变暖，海水温度的上升，珊瑚石逐渐褪色，珊瑚虫大批死亡。科学家预测，要不了50年的时间，绝大部分大堡礁就会消失，且难以恢复。不仅如此，人类的一些活动，诸如化学药剂的大量使用、轰炸式的捕鱼行为、污水排放入海等都在为珊瑚的消失推波助澜。近些年有学者研究表明：已经有近100种的珊瑚濒于灭绝了！

61. 世界上最大的龟类在海洋中吗

象龟是陆地上最大的龟类，那么海洋中最大的海龟是谁呢？它与象龟相比，谁更大？

象龟当中以加拉帕戈斯象龟体型最大，成年雄性象龟的体长可以达到 1.5 米，体重约 300 千克，历史上发现的最大的一只加拉帕戈斯象龟体重甚至达到了 400 千克。你是不是认为这就是世界上最大的龟了呢？在更为辽阔的海洋里，科学家们却发现了一种比加拉帕戈斯象龟还要庞大的巨龟，它就是棱皮龟，又称革龟。

棱皮龟最大可以长到 3 米长，是加拉帕戈斯象龟的 2 倍。它的体重为 800 ~ 900 千克，接近 1 吨，是加拉帕戈斯象龟的 2 ~ 3 倍。别看棱皮龟如此笨重，它可是潜泳好手，不仅速度快，而且耐力强，可以长时间在海中游行。为什么称它为“棱皮龟”呢？这与它独特的龟壳有关。

一般龟类的龟壳都是坚硬如石板，铁桶似的包裹着乌龟的躯体。而包裹着棱皮龟躯体的外壳却是和它四肢、头部一样的革质皮肤，光滑而柔软，背部有 7 条纵棱，腹部有 5 条纵棱，纵棱之间凹陷呈沟状。

水母是一种美丽而恐怖的动物，状如伞，色透明，密布毒刺的触手一旦碰触到猎物就会使对方麻痹并丧失行动力。但棱皮龟却是它们的克星。敏捷的速度使得棱皮龟可以自由地穿梭在水母群中，咬掉它们的触手，使它们无毒可施，只能束手就擒。

水母是棱皮龟最喜爱的食物之一，但的棱皮龟却会为贪吃付出生命的代价。人们使用后的废弃塑料袋一部分流入了海中，往往被棱皮龟当作水母而误食致死，死因是肠道阻塞。再加上非法捕捉和全球气候变暖带来的一系列后果，棱皮龟的数量已经减少至警戒线。

棱皮龟纪念邮票

62. 儒艮和海牛有什么区别

美人鱼是否真的存在，我们现在还不能确定，但儒艮和海牛却是真实存在的动物。为什么大家会把儒艮和海牛看作美人鱼呢？

这主要还在于儒艮和海牛的外形，虽然外表有些丑陋，但儒艮和海牛却是所有海洋动物中最像人类的动物。身为哺乳动物的它们不仅与人类有着一样的生育和哺乳方式，母儒艮和母海牛还像人类女性一样长了一对丰满的乳房。在为幼仔哺乳的时候，它们会先用一双前鳍托起孩子露出海面，支着上半身将孩子抱在胸前，朦胧月色下，常常会被过往的船员误认为是妇人。

儒艮和海牛都被认为是美人鱼的原型，它们不仅外形相似，而且生活习性相近，我们该如何区分它们呢？

儒艮和海牛都是由陆上四足类动物进化而来的，为了适应海洋中的生活，前肢退化成了短小的前鳍，一对后肢则合并为了一尾粗壮的尾鳍。区分儒艮和海牛的关键就在于它们的尾巴。儒艮的尾巴中间凹陷分叉，呈 Y 字形，和海豚的尾巴很像，而海牛的尾巴没有分叉，扁平又略有弧度，就像是银杏树的叶子，又像是电风扇的扇叶。雄性儒艮长至 15 岁之后，会露出一对门齿，但合上嘴的时候却又被挡住了，而海牛的牙齿则不会外露。

现存的海牛一共有 3 种，分别是西印度海牛、西非海牛和亚马孙海牛，但不幸的是，这 3 种海牛都处于濒灭的境地，每年被渔网和轮船螺旋桨所杀的海牛不计其数。和海牛一样，儒艮的数量也由于人类的海洋活动而不断减少。

63. 海獭有多调皮可爱

生活在亚马孙河流里的超级水獭是从未失手过的捕鱼达人，是战术一流的水中巨兽，它的聪明、狡猾给我们留下了很深的印象。在遥远的北太平洋海域，生活着一群爱嬉戏、要闹的海獭。作为水獭的表亲，海獭会有什么让我们感到惊奇的地方呢？

成年雄性海獭的身长在1.5米左右，比起大多数水獭来说，它算是体型巨大的了，但在大型动物众多的海洋，海獭的个子可就有些不够看了。同为哺乳动物的鲸鱼、海牛、海豹、海狮都要比它大得多，在它们眼里，海獭就像是小学生一样。小小的眼睛、圆圆的脑袋、毛茸茸的身子，如果让它在地上打滚撒娇的话，可爱程度绝对不会逊色于博美幼犬。海獭还是一个十分臭美的小家伙，只要一离开海水，它就会不停地用前肢梳理自己的绒毛，或舔舐自己，因此我们在岸上看到的海獭总是干净整洁的。当然，海獭理毛可不仅仅是为了漂亮，还是为了让绒毛上的水分快点儿蒸发，使自己温暖起来。海獭不经常上岸或爬到冰面上，即使是睡觉也与水为伴，它喜欢躺在海藻上，一阵翻滚打闹后用海藻裹住自己的身体，这样的“海藻水上漂”很奇特吧！与大多数动物腹部朝下趴着睡的睡姿不同，海獭喜欢仰着睡，无论是在海藻床上还是岸上的岩石上，你总能看见它腹部朝上、微扬着头睡觉的样子。

海獭还是一种非常喜欢热闹的动物，它们常常几十只、几百只地生活在一起，一起嬉闹，一起觅食。遇到危险的话，它们还会分工合作，一部分先行撤走，留下一小部分观察事情的发展，用尾巴拍击水面传递信号。令人惋惜的是，海獭珍贵的皮毛，让它成为人类猎杀的对象，再加上陆地寄生虫的感染。还好，世界多国已采取多种措施，海獭的数量已在慢慢回升。这种可爱的小动物曾一度濒临灭绝。

64. 海马有哪些与众不同的地方

海马虽然被称为“马”，但它却是地地道道的鱼类，因为头部像马才被称为“海马”。海马是一种非常奇特的动物，你见过站着游泳的鱼儿吗？你见过由雄性来孕育后代的动物吗？不相信？让我们来一起看一看海马先生吧！

首先，海马有着一副与众不同的外表。一般的鱼类都是流线型的身体，但海马不是，除了酷似马头的脑袋之外，它还有一双像变色龙一样的眼睛、吸管式的嘴巴、似猴子尾巴般灵活修长的尾巴，以及状如干瘪的小木块或人参的躯体。海马的游泳方式也和其他鱼类不同。一般的鱼儿都是水平卧在水中，靠尾巴和两侧鱼鳍的摆动前进，可海马却是直立在水中行走的，尾巴不动，只靠背上和胸前小得几乎看不出来的透明鱼鳍游动。虽然不需要转身就可以上下左右地移动，但速度十分缓慢。

然而，海马最与众不同的地方还要在于它那特殊的生殖方式。动物界不乏一些雄性孵化、哺育幼仔的现象，如帝企鹅父亲孵化小企鹅；美洲鸵父亲除了要孵化鸵鸟蛋之外，小鸵鸟出生后，还要承担喂食的工作；等等。但让人感到不可思议的地方在于海马是由雄性生产后代。在雄海马的腹部有一个育儿袋，母海马先将卵子产入育儿袋，然后雄海马排出精子使这些卵子受孕，再经过2～3周的怀孕期,雄海马就会产下小海马了。

是不是觉得大千世界无奇不有呢？除了海马之外，与海马有着亲属关系的海龙也是由爸爸生育后代的哦！由于多年来海马在一些国家被当作名贵药材，导致面临过度捕捞的危险，目前，野生海马已被列入世界保护物种，禁止人类对它们进行捕捞及国际贸易。

65. 海龟的身上也会有宝石吗

大海就像是一座瑰丽的宝库。贝母一张一合之间孕育了光滑剔透、圆润饱满的珍珠；美丽的珊瑚不仅可以作为观赏盆景，还可以制成晶莹玉润的珠串；就连平静无波的海底岩层中也分布着坚硬的金刚石和锆石。这些宝石是大海给予人类的礼物。

如果问海龟最宝贵的东西是什么，那么一定是它们的龟壳了，因为龟壳是它们遇到危险时的保护伞。但你们知道吗？有一种海龟，龟壳不仅仅是它的防身法宝，还是一种珍贵宝石的材料呢！这种如此值钱的海龟就是玳瑁。“玳瑁”既是海龟的名字，也是它背上“龟壳”的材质的名字。

玳瑁是一种用龟甲做成的宝石。虽然海洋中的海兽无法咬穿玳瑁的龟壳，但经过高温的特殊处理，它们会变得十分柔软，然后就可以让人任意切割，制成各种工艺品了。玳瑁的颜色有黑、白、黄、褐几种，有些透明，表面覆有一层蜡质，反射出点点光泽，看上去十分高贵美丽。因为它是从海龟身上来的，而龟是长寿的象征，所以玳瑁也有长寿、幸福的美好寓意。唐代的钱币“开元通宝”就是用玳瑁所做，就连慈禧太后的梳子都是以玳瑁为材料做的呢！由此可见玳瑁的珍贵和受欢迎度。不仅如此，玳瑁还是一种驱毒药材，可以治疗痘疮生肿。

因为这珍贵的玳瑁，玳瑁海龟招来了杀身之祸。尽管法律明文禁止捕杀玳瑁海龟，但捕猎行为仍屡禁不止，贪婪的人们热衷于捕捞它们，取下它们的外壳，以换取金钱。如果人类再不停止猎杀玳瑁的话，这一美丽优雅的动物就将永远与人类告别了。

66.鹦鹉螺与潜水艇有什么关系

读过《海底两万里》的小朋友想必对于鹦鹉螺这种动物一定不陌生，因为书中主人公所坐的潜水艇就叫作“鹦鹉螺”号，为什么要将潜水艇命名为“鹦鹉螺”呢？二者之间有什么关系吗？

潜水艇是一种能在水下潜行的舰船，它在16世纪被人们发明出来，在第一次世界大战中被广泛运用于水下作战，现在还被广泛用于海洋探测、海底搜救等非军事领域。人类的许多发明创造都是来源于动物提供的灵感，如蝙蝠之于雷达，鸟类之于飞机。那么潜水艇的灵感来源是什么呢？它来源于一种古老的海洋生物——鹦鹉螺。

鹦鹉螺是一种生活在海洋里的软体动物，它可是不折不扣的“活化石”，在地球上已经存在了数亿年之久。在漫长的历史演变中，它们的变化却非常微小，保留了许多远古生物的特性。远古生物一般因为没有进化完全而显得比较丑陋，但鹦鹉螺不但不丑陋，相反，还十分美丽。它们不仅有着夏威夷蜗牛般艳丽的外壳，螺壳的形状还和鹦鹉的嘴巴很像，因而得名“鹦鹉螺”。

鹦鹉螺的螺壳构造有些特殊，它的螺壳内部被分割成很多个小的腔室，每个腔室都是独立的，相互之间仅由一根体管相连。虽然鹦鹉螺只有20厘米左右的大小，但却能分出许多小腔室，目前发现最多的有38个之多。这些细小的腔室是鹦鹉螺储藏气体的地方，从而供给鹦鹉螺上下游动的浮力。而潜水艇在水中的上下浮沉就是模仿鹦鹉螺吸水排水，利用体管连接腔室推动气体运输的方法。

在古代鹦鹉螺几乎遍布全球，到了现代却基本绝迹，它们美丽的外壳吸引了太多贪婪的目光。在我国，鹦鹉螺已被列为国家一级保护动物，希望这种和熊猫一样稀有的小动物能继续繁衍下去。

中国是一个地域辽阔、物产丰饶的国家，得天独厚的自然环境孕育了许许多多的神奇物种，一些珍贵的野生动物也只有在这里才可以繁衍生息。说到中国特有的濒灭动物，你能列举出多少？熊猫？金丝猴？还是白鱀豚？你是否知道云豹、麋鹿等动物？论起珍稀程度，它们可一点儿也不比大熊猫差！让我们一起来探究只有中国才有的濒灭动物吧。

第四章 只有中国还有的濒灭动物

67. 大熊猫为什么爱吃竹子

圆滚滚的身材，胖乎乎的脸颊，黑黑的大眼睛，还有那黑白相间的皮毛，这就是一只憨态可掬的大熊猫。你们知道大熊猫最爱吃的食物是什么吗？没错，就是竹子。可你们知道吗？在几百万年以前，大熊猫的祖先却是以肉为主食的呢！

是什么让大熊猫从一个肉食主义者变成素食主义者的呢？这可不是因为大熊猫不爱吃肉，而是因为可供它们吃的肉很少。随着自然环境的变化以及大熊猫栖居地的迁移，在大熊猫生活的地方，只有少量的大型食肉兽生存，从而没有多少“剩肉”可以让大熊猫食用。而如果让它们自己去捕捉老鼠、兔子等小动物的话，得到的食物又不足以补充消耗的体力，所以大熊猫只能退而求其次，改为吃素了。现在，在大熊猫生活的长江的上游，生长有很多的竹子可以供大熊猫食用。在竹子的所有部位中，竹笋最为大熊猫所喜爱，它们每年还会准时到一个地方去采食竹笋。是不是既可爱又机灵啊！有个非常有趣的现象是，每年的春季到秋季，大熊猫为了吃到生长在不同高度的不同种类的竹子和竹笋，会不断向高山攀登，一反平常懒惰的性情，人们称这为“赶笋”。

虽然大熊猫爱吃竹子，但它们偶尔也会采食其他植物，如小麦、玉米、野当归、幼杉树皮等。有时还会捡食动物尸体，或捕捉较小的动物来“开开荤”，当然，前提是不会因此而耗费太大的力气。

大熊猫这种憨厚可爱的动物，却一直摆脱不掉“濒灭”的阴霾。截至今日，大熊猫的分布地已萎缩至中国陕西和四川的6个独分割区域。而受多种因素影响，其实际栖息面积不足总面积的20。目前，大熊猫的每个种群均不足50只，而不可避免的近亲繁殖，让保护大熊猫变得难上加难。如果人类不再为大熊猫继续努力，那么终有一日，它们会在动物家族的族谱上消失。

68.金丝猴也分很多种吗

金丝猴是灵长类动物中最漂亮的动物，长长的尾巴，水灵的大眼睛，还有那一身华美的金色皮毛。在中国，金丝猴是与大熊猫齐名的“国宝”级动物。我们通常所说的金丝猴指的是川金丝猴，而实际上，地球上一共有5种金丝猴。想知道它们有什么不同吗？

首先，来说说我们最为熟知的川金丝猴。它只生活在中国境内，因为在四川省发现得最多，故此得名。川金丝猴的体型中等，仰鼻蓝面，有着和身体一样长的尾巴和一身金黄色的毛发。你们知道什么时候川金丝猴最美丽吗？每年10月左右，是金丝猴谈情说爱的时候，为了吸引异性，它们会把自己的毛发梳理得格外鲜亮。然后要介绍的是滇金丝猴。除了颈部、腹部、臀部以及四肢内侧为白色外，滇金丝猴身体其他部位都为灰黑色，所以，“黑金丝猴”是它的另一个名字。目前，全世界仅存滇金丝猴2500只，主要分布在我国云南地区。第三种金丝猴是灰金丝猴，也叫黔金丝猴，只有在我国贵州的梵净山上才可以看到它的踪影。因为栖息地遭受到破坏，以及猎人的捕杀，黔金丝猴现存仅750只左右。

上面的3种金丝猴只有中国才有，而越南金丝猴只生活在越南境内的亚热带雨林中，它的四肢内侧是浅黄色的，胸部、腹部是黑色的，目前只有250只生活在野外。

咦？我们是不是漏掉了一种金丝猴呢？直到2010年，人类才发现它的存在，它就是缅甸金丝猴，在中国云南的高黎贡山也有分布，被称作怒江金丝猴。从科学家拍摄的照片中我们可以看到，缅甸金丝猴几乎全身都是黑色。它的发现，震惊了世界，也让人们对自然充满了新的期待。

69. 海南黑冠长臂猿还剩下多少只

海南岛是中国最具热带风情的旅游胜地，这里有一望无际的白色海滩，有宛如绿色长城般的海上森林，还有那明净的天空和澄亮的海水以及扑面而来的自然气息。这里是地球上为数不多的生命净土，也是一些濒灭动物最后的家园。

在中国所有的灵长类动物中，海南黑冠长臂猿是最濒危的一种。而在世界最有灭绝危险的 25 种灵长类动物中，海南黑冠长臂猿也位列其中，它也是唯一一个数量没有达到 100 的灵长类动物。可想而知，海南黑冠长臂猿有多么珍贵。那么它们究竟还剩下多少只呢？据统计，截至 2008 年，海南黑冠长臂猿仅剩 18 只。

过去，海南黑冠长臂猿是海南岛上非常常见的一类动物，遍布岛屿的森林为长臂猿提供了极佳的栖息场所。到了 20 世纪 50 年代，还有 2000 多只长臂猿生活在海南岛的南部。为什么海南黑冠长臂猿的数量下降如此之快？这主要还是归咎于人类对它的猎杀。海南黑冠长臂猿的骨骼是十分珍贵的药材“乌猿骨”，具有滋补养颜、祛风健骨、舒筋活血的功能，从而为自己招惹了杀身之祸。

随着海南岛上原始森林的不断减少，海南黑冠长臂猿只剩下霸王岭自然保护区这个面积不到 300 平方千米的家了。虽然经过人工的努力，海南黑冠长臂猿的数量没有进一步下降，可是如果它们可以生活的地方永远只有这 300 平方千米的话，那么走向灭绝是迟早的事。

70. 华南虎真的灭绝了吗

在现存的6种老虎中，华南虎是唯一一种只在中国境内生存的老虎，因此，它也被人们亲切地称为“中国虎”。别看它的身材比起其他老虎要小得多，但它的身份却不容小觑呢！早在200万年前，华南虎就开始生活在中国的山林中，目前发现的其他8个亚种的老虎都是由华南虎进化而来，可以说，华南虎是世界上所有老虎的祖先。

然而熬过了200万年的风吹日晒，华南虎却没有平安地度过近几十年的日子。据估计，现存的野生华南虎数量不会超过30只，而人工驯养的华南虎也仅有100只左右，它是现存的老虎中数量最少的了。一个沉重的事实是，在过去的20年里，没有一个人见到过野生华南虎的实体。你知道这意味着什么吗？野生华南虎很可能已经灭绝了。虽然在世界自然保护联盟红色名录中，华南虎已经被鉴定为野外灭绝，但国内的专家学者们一直没有放弃找寻野生华南虎。

最近一次发现华南虎的足迹是在2006年，重庆市在进行全市野生动物普查的时候，在城口县大巴山原始森林腹地发现了野生华南虎的踪迹。虽然专家们没有见到华南虎，也没有拍下它的身姿，但仅仅只是一点点线索也足够振奋人心了。在此之前，浙江省和江西省也曾报道过村民目睹华南虎的新闻，而这些地方无一例外都保留有一片完好的森林，能为华南虎提供合适的栖居场所。

如果一个物种在50年的时间里没有被人们发现实体的话，那么它就会被宣布灭绝，希望这不会是华南虎的未来！

71. 台湾云豹为什么再未见其踪影

“国立”台湾博物馆是中国台湾地区历史最悠久的博物馆，也是台湾藏品最丰富的博物馆之一。今天，我们要说的不是博物馆里珍藏的哪幅画，也不是哪件瓷器，更不是哪朝哪代皇帝佩戴过的玉饰，而是一个动物标本，一个硕果仅存的标本。

云豹——台湾岛上曾经最漂亮的猫科动物。撇开它那健壮的四肢和威武的面庞不提，台湾云豹最突出的还要数它那身体两侧的 6 块暗色斑纹，远远看去，就像是一朵朵云彩，云豹名字由来于此。然而这么美丽的动物却多年无人得见真容。从 1972 年至今，人们就再也没有看见过活着的台湾云豹。是什么导致了台湾云豹的“失踪”呢？

20 世纪上半期是台湾大力发展工业的时期，而工业生产需要大量的木材和水源。森林被砍伐，水源被污染，这对台湾云豹来说，意味着什么呢？这意味着它们的栖息地越来越小，食物越来越少，它们的生活将无法维持下去。有一句古话叫作：“匹夫无罪，怀璧其罪。”意思是拥有财宝会招来祸端。台湾云豹的皮毛柔软顺滑，是制作皮衣的上等原料，它的骨头是难得的药材。人们为了获得台湾云豹身上的财宝，毫无节制地捕杀它们，加重了台湾云豹的濒灭程度。也使得几十年来，仅有一个标本证明台湾云豹曾经生活在这个地球上。

尽管台湾学者不止一次地在一些可能有台湾云豹生存的地区设立观察点，但始终没有见到过台湾云豹的踪影。2013 年 4 月，台湾学者无奈地宣布，台湾云豹可能已经灭绝。

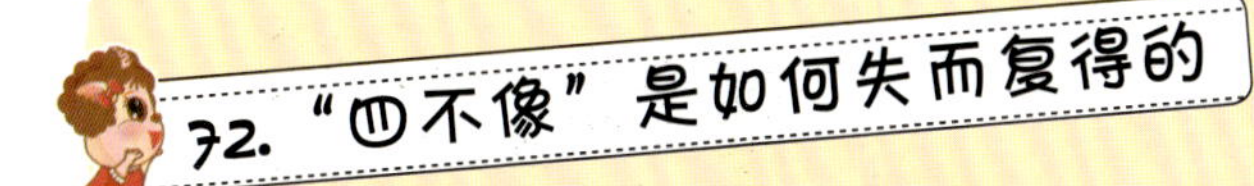

72. “四不像”是如何失而复得的

“四不像”是神话传说中神仙的坐骑，因为它的脸长得像马，头上的犄角和鹿角相似，脖颈和骆驼的脖颈差不多，而它的尾巴又和驴尾相像，但它却又不是这四种动物当中的任何一种，所以人们称它为“四不像”。

“四不像”的学名叫“麋鹿”。虽然曾被奉为“神兽”，但麋鹿的生命旅途却十分坎坷。它本是中国特有的物种，却因为种种原因在中国绝迹多年，虽然现在回归故乡，但当中却颇有一番曲折。

中国长江中下游地区的一些沼泽地带曾经是麋鹿的乐土，但在汉朝末年，也就是公元 3 世纪的时候，麋鹿就因为被捕杀过多而很难在野外见到。到 19 世纪，仅在北京南海子皇家猎苑内有不到 300 头麋鹿。然而，意外发生。1894 年永定河泛滥，洪水冲垮了皇家猎苑的围墙，一些麋鹿溺死在了河水中，侥幸逃脱的麋鹿也没有回归自然，而是被难民和外国侵略者猎杀掉了。从此，麋鹿在中国消失。

那后来麋鹿又是怎么出现的？原来，在 19 世纪下半叶，西方侵略者曾经用贿赂、偷盗等不正道的手段，私自将麋鹿运去了自己的国家。虽然这一行为是可耻的，但也让麋鹿逃掉了灭绝的命运。到 1983 年，海外麋鹿已经繁衍到了 255 只，但在中国境内，仍然一只麋鹿都没有。1985 年，在世界动物保护组织的协调下，英国政府向中国无偿提供了 22 只麋鹿，接下来的两年里又先后共运送 57 只麋鹿来华。

现如今，中国已经建立了 4 处麋鹿繁育基地，并成功放养了野生麋鹿，麋鹿族群已经发展到了世界的三分之二之多。而这些，都离不开外国友人的帮助和国内研究者的努力。

73. 黑麂的珍贵之处在哪儿

在中国特有的濒灭动物当中，黑麂算是知名度比较低的了，但这不代表它不如其他濒灭动物珍贵，相反，黑麂的珍贵有过之而无不及。

金丝猴分 5 个亚种，黑冠长臂猿有 6 个亚种。而黑麂呢？它没有分出其他亚种，仅有一种。这说明它种群单一，此为珍贵之一。黑麂是中国特有的动物，它零星地分布在福建北部的武夷山地区、安徽南部、浙江西部和江西东部的山林之中，所占面积连中国总面积的千分之八都不到，此为珍贵之二。黑麂对栖息地的要求较高，必须生活在高山密林当中，森林的减少使得它的数量一再减少，此为珍贵之三。

在中国的森林、草地当中，麂是一类较为常见的动物，有黑麂、赤麂和小麂。其中黑麂分布最狭窄，数量最稀少。它的身体呈棕黑色，最有特点的地方是位于头顶的一簇长达 5 ～ 7 厘米的棕色冠毛和黑白相间的尾巴，这也为它增添了不少灵动之气。黑麂在国际动物学界的地位很高，它被公认为最珍贵的鹿类动物之一。告诉你们哦！很多国家都希望得到黑麂在他们国家展出的机会，但因为野外黑麂很少被人们发现，而且在高山密林的环境中，想要在不伤害动物本身的情况下捕捉到它们是十分困难的。所以，即使是中国的动物园也只曾展出过一两头黑麂，更别提在国外了。据统计，从发现黑麂至今，外国只得到过 4 具黑麂标本以供研究。

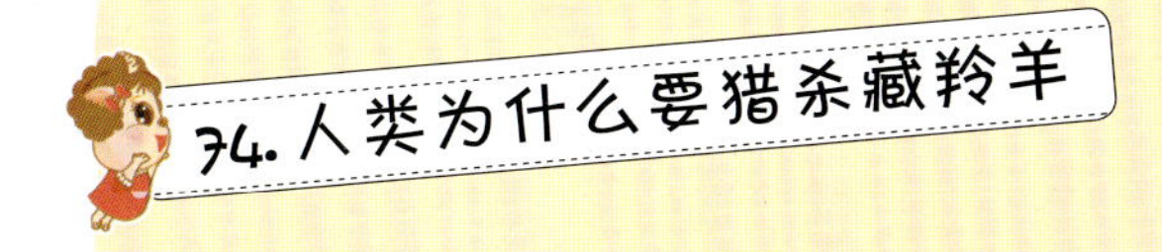

74. 人类为什么要猎杀藏羚羊

几个世纪以来，在欧洲贵族圈一直流传着一则故事：在广阔的青藏高原上，生活着一群褐色的羚羊。每年的夏季是它们的换毛季节，一圈圈绒毛从它们的身上脱落，而当地人民就将这些羊绒收集起来，编织成美丽而轻柔的“沙图什”披肩。然而，传说真的如人们想象中的这般美好吗？

“沙图什”一词来源于波斯语，意为“羊绒之王”，用藏羚羊的皮毛中最柔软的部分编织而成。早在唐朝，“沙图什”就深受西方贵妇人的喜爱，成为了高贵和富有的代名词。可你们知道制成一件“沙图什”的代价是多少吗？一条重 100 克的披肩需要消耗 400 克左右的羊绒，而一头藏羚羊身上最多只有 150 克绒毛。也就是说，需要 3 头藏羚羊才可以做成一条小小的披肩，这也意味着有 3 头藏羚羊要为此付出生命的代价。

藏羚羊虽然会在每年的夏季更换一次绒毛，但它们的绒毛却总是零星地散落在各地。再加上藏羚羊是野生动物，没有专人替它修剪羊毛，所以，刚掉下来的绒毛，不一会儿就被风吹走了。人们也曾想过抓捕活的藏羚羊，但因为藏羚羊警惕性高，奔跑迅速，是天生的跑步冠军，猎人很难捉到它。为了减少麻烦，盗猎者们选择直接用枪打死藏羚羊，然后摘走羊绒。

“沙图什”的价格，可能是上千或者上万美元，但耗费的真正代价却是一个又一个鲜活的生命。人类的贪婪，正在使青藏高原这个与天空最为接近，本该是世界最纯净的地方，成为沾满鲜血的屠宰场！目前，藏羚羊是中国国家一级保护动物，也是国际严禁贸易的濒危动物。

75. 你知道褐马鸡的传说吗

每天清晨，天空快要亮起来的时候，公鸡都会准时啼叫，将沉睡中的人们唤醒，开始一天的生活。在中国，鸡还是十二生肖之一，它象征着勤劳和光明。我们平常所见的鸡是人工饲养的家鸡，而在华北地区的山林间生活着一类野生鸡群——褐马鸡，它象征着勇敢和顽强。

褐马鸡是中国特产珍稀鸟类，被列为国家一级保护动物，关于它的由来，民间流传着一则传说。远古时代，天庭中生活着 4 只珍贵的宝鸡，一身华丽的羽毛和长得如马尾般的尾巴让它们看起来格外的美丽，它们分别由天庭守将四大天王看管。这 4 只宝鸡终日忍受着天规的束缚，只有每年的五月初五才可以团聚在一起玩耍，它们十分向往凡间无拘无束的生活。又是一年相会之日，4 只鸡趁四大天王不在，偷偷飞下了凡间，在一片深山老林中藏了起来。但很快还是被天兵天将发现了。4 只宝鸡虽然奋力反抗，最终还是被擒住，天兵天将将钢针扎在它们耳后，鲜血流满了它们的面颊。尽管如此，4 只鸡依然宁死不屈，不愿回到天庭。众兵将只好燃起大火，将它们扔进了熊熊烈火之中。幸好，天无绝人之路，一位仙医路过此地救了它们。但它们从此失去了飞翔的能力，华丽的羽毛也被火烧成了黑褐色，鲜血染红了它们的脸颊和腿脚，扎在耳后的两根钢针化成了两只白色的犄角。褐马鸡就变成了我们现在看到的这个样子。在仙医的帮助下，它们一对在大五台山生活了下来，一对栖息在了小五台山。

尽管褐马鸡失去了原本美丽的外表，但它们那勇敢顽强的品质却一直被后代所继承。就算是遇到天敌，褐马鸡也永远气势昂扬，从不退缩。也因此，中国历代君王都用它们的尾羽装饰武将的帽盔，用以激励将士。由于人类的过度猎捕和对自然环境的破坏，褐马鸡濒临灭绝。如何让这种珍禽免于灭顶之灾，是我们不能忽视的课题。

76.“高原神鸟”是什么鸟

在藏族史诗《格萨尔王传》中，它是帮助格萨尔王降妖伏魔、统一部落的信使；在藏传佛教的唐卡画中，它是长寿的象征；在藏族人民口中，它是纯洁的化身，是高原上的神鸟。它就是世界上唯一一种生活在高原地区的鹤鸟——黑颈鹤。

在中国的9种鹤中，黑颈鹤的体型最大。试问如果没有强健的体魄，黑颈鹤又如何能够在迁徙途中穿过重重高山呢？与丹顶鹤那一身洁白的羽毛不同的是，黑颈鹤身体是灰白色的。除了头顶有一小块裸露的红色皮肤外，黑颈鹤的头的其他地方和颈的上部三分之二部分都为黑色，故名黑颈鹤。

为什么藏族人民如此喜爱黑颈鹤呢？“哥塞达日子”是黑颈鹤的藏语名字，有高尚、纯洁和权威的意思。相传，它本是王母娘娘座下的仙鹤，因偷吃了仙桃，而被贬到凡间的碧塔海。在碧塔海，它吃掉了藏民种植的青稞，使藏民们没有了粮食。于是，虔诚的藏民向黑颈鹤请求不要再吃青稞了，黑颈鹤便再也没有去吃青稞。善良的人们将自己的头发作为礼物送给黑颈鹤，黑颈鹤才长出了黑色的羽毛。千百年来，在黑颈鹤的故乡，当地人从来没有猎杀过黑颈鹤，而黑颈鹤也从来不会去采食地里的庄稼。此外，黑颈鹤还是会接骨的“神医”呢！据说如果当地有人不幸骨折，他的亲人就会在黑颈鹤的卵上画一个黑色的圆圈，雌鹤看见以为卵要裂开，就会衔来一块神奇的石头放在巢中。而这种石头被人们称为“接骨石”，它能治好骨折。

黑颈鹤的分布区域非常狭窄，在中国，它只生活在青藏高原和云贵高原。在国外，现在也仅能在不丹看见它的身影了。

77. 为什么说朱鹮美丽而柔弱

朱鹮是全世界的鸟类学家公认的“东方宝石”。“东方”即为亚洲，它是东亚特有的鸟类，而这里的“宝石”除了有美丽的意思之外，还有珍贵、稀有之意。

朱鹮到底有多美丽呢？它通体雪白，唯有绯红的双颊和双足仿佛是被红日渲染过一般，显得高贵而又纯洁。当它展翅翱翔的时候，你会发现原来它翅膀的下侧和圆形的尾羽也透着几分朱红色的星光，再配合着曼妙的舞姿，真是美丽动人。难怪古人会写出“独舞依磐石，群飞动轻浪”这样美妙的诗句来赞美朱鹮。在古代，朱鹮又被称为“朱鹭”和“红鹤”，它曾经遍布整个东亚地区。不仅仅在中国，俄罗斯、朝鲜、韩国和日本都曾有它们的身影。

朱鹮喜欢将巢穴筑在高大的乔木之上，喜欢去水稻田里捕捉小鱼小虫为食。如果在以前，这是很容易就可以满足的条件，可随着森林的砍伐和水田的减少，朱鹮的生存空间越来越狭小。目前，全世界只剩下一支野生朱鹮族群，它们栖居在秦岭南部。尽管国家建立了专门的自然保护区，可朱鹮自身的繁殖能力却不太乐观，在蛇、鹰等天敌面前，也显得格外弱小。尤为让人担忧的是，一旦族群中发生疫病，那么这仅剩的一支野生朱鹮群也将灭绝。

朱鹮是美丽的，但它也是柔弱的。为了这份美丽可以继续留在地球上，你愿意守护朱鹮吗？

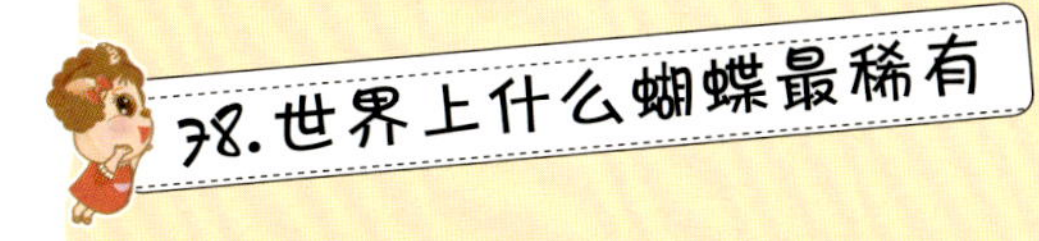

78.世界上什么蝴蝶最稀有

蝴蝶是花中仙子，它那斑斓的色彩、轻盈的体态、优美的舞姿，无不让人深深喜爱。幼时的你，是否也曾想像蝴蝶一样，在花丛中翩翩起舞呢？世界上的蝴蝶成千上万，五光十色，有的在花园里就可以见到，而有的却万分稀有。

金斑喙凤蝶是我国特有的珍稀动物，被誉为“蝶中骄子”，在“世界八大名贵蝴蝶”中排名首位。这种蝴蝶只产于我国南方1000米以上的亚热带原始密林中，有4个亚种，分别分布在海南、广东、福建和广西。从金斑喙凤蝶被发现到现在，全世界的标本还不到10只呢！就连中国也是在19世纪80年代才在福建武夷山自然保护区成功捕捉到一只。它的价值，不是简简单单能够以金钱来衡量的。

金斑喙凤蝶不仅数量稀少，它的美丽也是无与伦比的！金斑喙凤蝶的双翅如果完全展开的话，体长会超过110毫米，属于大型蝴蝶。金斑喙凤蝶大体呈翠绿色，有金色尾突。它的前翅虽为黑色，但细看，却又好像披了一层银绿色的鳞片。还有它后翅上那一块金色的斑点，随着翅膀的舞动绽放出点点星光，而其中散布着的蓝黑色、橘色和绿色又为金斑增色不少。金斑喙凤蝶的名字正是由来于此！

79."小青龙"真的存在吗

伏羲，中国古籍中记载的最早的王，他教会了人们打鱼、捕猎，是中华民族的人文始祖。女娲，神话中的创世女神，她捏土造人、炼石补天，造福了世间百姓。传说，伏羲和女娲均为人首蛇身，二人既是兄妹，又是夫妻。

瑶族是一个古老而又神秘的民族，他们隐居在竹山林海之间，与草木鸟兽为邻。在广东和湖南交界的南岭山脉，一支瑶族世代居住于此。传说，他们是伏羲和女娲的直系后代，瑶族人民承接下了他们作为人的文明，而蛇性的部分则被他们的兄弟"小青龙"所继承。"小青龙"可不是一条青色的龙哦！在瑶族人民世代口耳相传中，有一条长着白色尾巴的大青蛇是它们的兄弟和邻居。虽然从未见面，但瑶族人始终相信，"小青龙"就和他们生活在同一片山林。

陈远辉是湖南莽山有名的"蛇博士"，他救治过许多被蛇咬伤的病人。一次偶然的机会，陈远辉接触到了一种从未见过的毒蛇伤痕，这让他想起了瑶族传说中的白尾蛇。之后，陈远辉开始踏上寻找"小青龙"的道路。1989 年 10 月中旬，陈远辉听人说山里有个人捉了一窝奇怪的蛇，他立即跑过去看。出现在眼前的蛇顿时让他眼前一亮，三角形的蛇头，黑褐、黄绿相间的蛇皮，白色的尾巴，这正是他苦苦寻找了 5 年的蛇啊！当天，他便用家中攒了三年之久准备买电冰箱的钱将这窝蛇买回了家。在动物研究所专家的帮助下，证实了这是一种人类从未发现的蛇种，并将其命名为"莽山烙铁头"。

不管传说是否真的存在，但在当地人的眼中，莽山烙铁头就是它们的"小青龙”！ 2004 年，中国野生动物调查结果显示，莽山烙铁头数量仅为 500 条左右，急需拯救保护，也因此，莽山烙铁头有了“蛇中熊猫”的称号。

莽山烙铁头

80. 扬子鳄是“活化石”吗

“活化石”指的是地球上仅存的几种古老生物，分布范围十分狭窄。在千万年的光阴里，它们承受住了岁月的洗礼，并保留了原有的特征。说到“活化石”，不可不提“扬子鳄”，它可是世界上现存最古老的爬行动物之一！

距今两亿多年的中生代是爬行动物称霸的时代，除了恐龙之外，扬子鳄的祖先也是这个时代的“霸主”之一。但在随后的物种大灭绝中，包括恐龙在内的大部分爬行动物都灭绝了，只有扬子鳄的祖先等极少数爬行动物存活了下来。在扬子鳄身上，我们可以找到远古爬行类动物的许多特征，尤其是恐龙的。而在研究生物的进化、地理环境的演变等问题时，科学家们也可以在扬子鳄身上找寻线索，这比研究化石要简单方便得多。

扬子鳄的祖先曾经是陆生动物，生存环境的变化迫使它不得不学会在水中生活的本领，从而进化为水陆两栖动物。也许正因为如此，扬子鳄才能在一次又一次的物种大灭绝中生存下来吧！

为了保护这一古老而珍稀的物种，政府在安徽、浙江等地建立了专门的扬子鳄保护区和人工养殖场，使扬子鳄数量趋于稳定。但在野外，扬子鳄的数量仍然十分稀少，不足 200 只，它是最需要人类保护的濒灭动物之一！

再告诉你们一个小知识哦！在古代，人们将扬州以下的长江下游河段称为“扬子江”，后来外国人干脆就用“扬子江”来指代整个长江。所以，生活在长江流域的这一“活化石”就被命名为“扬子鳄”。

81. 我们还能再见到白鳍豚吗

长江发达的水上航运使其拥有“黄金水道”之称，其中蕴含的丰富的水生生物资源也让人为之惊叹。珍贵的“水中大熊猫”——白鱀豚就生活在这里。关于白鱀豚，你了解多少？

在动物园的水族馆里，聪明可爱的海豚一定给你留下了深刻的印象。白鱀豚是海豚的近亲，但与海豚不一样的是，它生活在淡水流域，是淡水豚的一种。白鱀豚的皮肤细腻光滑，背部为浅灰蓝色，外表十分美丽。一只成年白鱀豚的体长大约为 2 米，体重在 100 ~ 200 千克，流线型的身姿使得它每次跃出水面的时候都格外让人赏心悦目。然而，如此乖顺可爱的白鱀豚却因为人类而走向了灭亡。

2006 年，一个由中、美、英等六国科学家组成的考察团对湖北宜昌至上海的 1700 千米长江干流进行了考察，却没有发现一头白鱀豚。历史上的白鱀豚曾经广泛分布于长江流域，但随着两岸人口的增多，白鱀豚的生存空间愈渐狭小。据调查，20 世纪人们所收集到的白鱀豚标本中，有 92% 都是人为造成的死亡。20 世纪 80 年代初，科学家们估计长江流域还剩 400 头左右的白鱀豚，但在 20 世纪末，却只发现了 5 头。尽管近年来，偶尔会传出有民众目睹白鱀豚跃出水面的消息，但不可否认的是，白鱀豚已经进入了灭绝倒计时……

我们再也见不到白鱀豚了吗？一些人相信，仍然还有少量白鱀豚残余在长江支流生活，但仅存的最后几只个体如何繁衍后代？科学家们只能无奈地宣布，白鱀豚已经功能性灭绝了。

时至今日，已经有太多的动物在人类文明进程中付出了惨痛的代价。当某些人的恶劣行为加速了有些濒灭动物的灭亡时，也有一些人正在为保护濒灭动物而努力。人类为了挽救濒灭动物的生命已经做了哪些努力？

“保护濒灭动物从我做起”“保护濒灭动物就是保护地球”之类的口号已频频见诸报纸杂志，但仅仅口头保护是远远不够的。保护濒灭动物需要的是实际的举措！当然，我们也期望在未来的某一天，随着人类科学水平的进步，人类能用更科学的手段保护濒灭动物，并有更科学的方法使得灭绝动物能重新出现在地球上。

第五章 濒灭动物需要保护

82. 江豚为什么哭泣

2011年春天，一幅名为“哭泣的江豚”的照片在网上广为流传，牵动了无数人的心。照片中的江豚，在被人们捞上岸之后，眼角留下了一滴透明的液体，仿若在哭泣。

江豚真的会哭泣吗？其实江豚是不会流眼泪的，因为它并没有可以分泌泪水的泪腺，它眼角留下的那一滴液体是它的眼睛分泌出来的黏液。当江豚被捞上岸后，它本能地感到害怕和焦虑，而这滴“泪水”就是它身体的应激反应，还可以用来保护干涩的眼睛。

长江原本是江豚和它的兄弟白鱀豚嬉笑游弋的地方，可是现在，满眼望去都是轮船，轮船的噪声不知道让多少江豚患上了疾病，螺旋桨不知道击中了它多少同伴，撒下的渔网中又不知道还有多少它的同伴。随着长江水体污染的日益严重，水生植物也渐渐变得稀少起来，鱼类的减少，再加上渔民毫无节制地捕捞，江豚的食物也在减少。

江豚为什么哭泣？它的哭泣是对人类的控诉，是对自己即将逝去的生命的哀痛……

83. 娃娃鱼是鱼吗

在水质清澈的山涧溪流中，生活着一种娃娃鱼。初次看见它的人，不仅会惊异于它那略显丑陋的外表，也会惊讶于它那似婴儿哭叫般的声音后。

相信对于有些人来说，“娃娃鱼”的名字并不陌生，因为它曾是国人餐桌上的一道山间野味。娃娃鱼虽然外形丑陋，但因为肉质鲜美、营养价值高而被人们奉为“水中人参”，颇受欢迎。

娃娃鱼的学名叫作“中国大鲵”，是大鲵家族最大的成员，也是两栖类动物中体型最大的动物。它的身长一般为 60 ~ 70 厘米，体重约为 5 千克，但最大的可以长到 1.8 米，30 千克。娃娃鱼有一颗又圆又扁的脑袋，全身褐色，并伴有黑色斑纹，身上没有鳞片，长着四肢，但却十分短小。因为身体似鱼，且又时常待在水中，所以常被人们误以为是鱼类。其实，娃娃鱼是一种水陆两栖的动物。娃娃鱼的呼吸功能十分强大，当它在水里面的时候，它和鱼类一样用鳃呼吸，等到了岸上，它就换为用肺和皮肤呼吸了。很多两栖动物都是靠皮肤在陆地上呼吸的。

娃娃鱼还是地球上现存最古老的居民之一。通过研究娃娃鱼化石，科学家们得出了至少在 1.65 亿年前娃娃鱼就已经存在这一结论，它和大熊猫、扬子鳄一样，都是我国的国宝。

虽然现在人工繁殖的娃娃鱼数量很多，但野生娃娃鱼却因为更为稀有、更有“野味”而屡屡被人捕杀，再加上栖息地环境受到污染，野生娃娃鱼已经越来越少见了。

84. 人类为什么要保护濒灭动物

有人说，优胜劣汰是自然界的法则，濒灭动物既然在逐渐走向衰亡，人类就不应该阻止这一进程。但也有人认为，濒灭动物是自然给予人类的宝贵财富，每一个人都应该负起保护濒灭动物的责任。在你看来，我们应不应该保护濒灭动物呢？

濒灭动物和我们一样，都是居住在地球这颗美丽星球上的生灵，一种濒灭动物灭绝了，地球的生机就减少了一分。试想一下，若是像扬子鳄、中华鲟这类动物“活化石”灭绝了的话，人类该从何处研究远古动物的生命特征？如果海豚、鸭嘴兽、蝴蝶灭绝了的话，人类又去哪里感受大自然无与伦比的美丽呢？所以说，濒灭动物是一份珍贵的财富。

濒灭动物是生态系统中的一员，食物链将它们与其他物种联系在了一起。一旦作为食物链一端的濒灭动物出现了问题，那么整个生态系统都会遭到破坏，植物会枯萎，河水会浑浊，甚至连人类的生存也将受到威胁。比如因为狼的数量减少，草原上的牛羊没有了天敌的制约，族群迅速扩大，它们啃食掉大量青草，使草原变成了荒漠。不仅破坏了生态环境，最终牛羊也因为没有食物而大量死亡。

为什么要保护濒灭动物？归结到底，是保护地球上的生命，也是保护我们自己。

我们这一代人，没有见过渡渡鸟，也没有见到过开普狮，因为它们早已经由濒灭动物变为灭绝动物了。希望我们的下一代和下下一代，还能见到生活在我们这个时代的濒灭动物鲜活的身影。

85. 科学家们是如何知道濒灭动物的现状的

当我们在感叹濒灭动物还剩下多少的时候，你有没想过这一数据是怎么得出来的，难道濒灭动物中也有人口普查吗？当然不是，这是科学家们统计出来后告诉我们的，可他们又是从何得知的呢？

现在，交通路口、酒店、校园等公众场合都安装有摄像头，过往人、车的行踪都会被拍摄下来，而观察濒灭动物，当然少不了摄像机的监测拍摄。因为许多动物都是夜间出来活动的，所以科学家们通过在野外架设红外线摄像机来拍摄动物出没的身影，幸运的话，还能拍下动物觅食的场景。给濒灭动物戴上无线电项圈是对具体一只动物的细致监测，项圈会反馈给电脑有关该动物的健康状况和位置信息。但随后科学家便发现这种监测方式的弊端实在太多，首先给动物戴上项圈就是一件很困难的事，戴上了之后，项圈有时会因为信号不好而无法传送信息，有时，还会因为动物的奔跑、跳跃、打架等行为而脱落。然而，最让动物学家头疼的还是无线电波的干扰使得雌性动物的受孕变得愈发困难，不利于繁殖后代。

目前最先进的一种监测手段就是卫星遥感技术和定位技术，卫星不仅可以“看”清濒灭动物的数量，还可以帮助科学家们找到濒灭动物的家，从而开展更细致的监测活动。一些经验丰富的动物学家还会通过辨别脚印来判断动物的数量和迁徙路线。

濒灭动物的生存现状不是通过一种手段、一种技术就可以知道的，这需要科学家们分析种种数据和信息。试想一下，当科学家们花费大量精力后分析统计出来的结果是濒灭动物的数量不断减少，他们该有多么痛心啊！

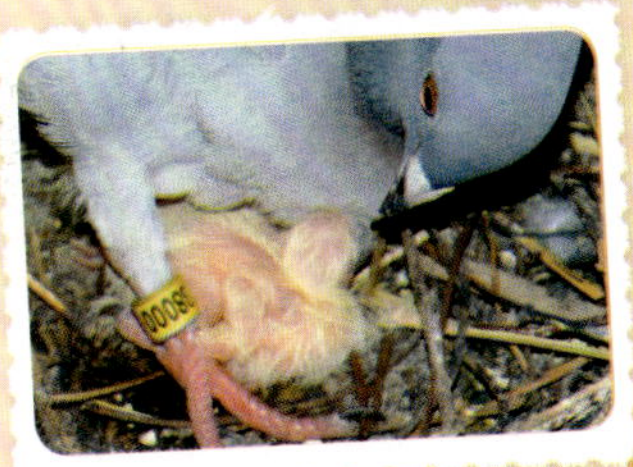

86.《濒危野生动植物物种国际贸易公约》中主要约定了哪些内容

为了限制野生动物和植物贸易，尤其是濒灭野生动植物交易，1973年3月3日在华盛顿，国际自然与天然资源保育联盟组织各会员国签订了一份条约——《濒危野生动植物物种国际贸易公约》。因为签署这份公约的地点是美国华盛顿，为方便称呼，这份公约又名《华盛顿公约》，此公约于1975年7月1日生效。《华盛顿公约》中都有哪些内容呢？

公约的内容包括对与野生动植物贸易有关的各项专有名词的定义、需遵守的基本原则、可被允许的贸易规定等，然而最重要的内容是收录在公约中的野生动植物名单。如若要买卖《华盛顿公约》中收录的动植物，就必须遵守公约的各项规定。《华盛顿公约》一共收录了5000种左右的动物，它们被分为3个等级，分别收录在公约的3个附录之中。

附录一中是Ⅰ级保护动物，这些动物都是濒灭动物，除非有特殊情况，否则是完全禁止国际交易的，如雪豹、山地大猩猩等动物。附录二是Ⅱ级保护动物，记录的是一些暂时没有灭绝危险，但一直徘徊于濒于灭绝边缘的动物，像猞猁、美洲狮等动物。附录三是Ⅲ级保护动物，这类动物是被某个地区或国家列为保护对象的动物，需受到地方的贸易管制，如中国就限制贩卖果子狸的行为。由上可知，Ⅰ级保护动物是贸易限制级别最高的动物，Ⅱ级次之，Ⅲ级则宽松一些。

但不论是哪一级，只要是《华盛顿公约》中规定的保护动物，都应该减少对它们的交易买卖。只有贸易行为减少了，它们的族群才能够真正地稳定下来。

87.野生动物自然保护区是干什么的

在说到野生动物栖息地的时候，我们常常会提到某某自然保护区。大熊猫生活在四川卧龙自然保护区，扬子鳄生活在安徽宣城扬子鳄自然保护区，海南黑冠长臂猿生活在海南霸王岭自然保护区……这些野生动物自然保护区是用来干什么的？有了它，濒灭动物就不会灭绝了吗？

既然已经说了是野生动物自然保护区，那么它当然是用来保护野生动物的啰！野生动物族群数量下降的原因之一是其栖息地遭到了破坏，这种破坏不仅指栖息地的环境受到了污染，还包括栖息地面积的缩小。突变的栖息环境会对野生动物的生存造成影响，族群的没落也就走向了必然。野生动物自然保护区就是人类为这些濒灭动物所安的家，充足的水源、茂密的植被、无人打扰的安宁……提供了能供濒灭动物生存的各种条件。除了为动物提供一个庇护场所之外，野生动物自然保护区还开展各项有关动物的科学研究。如观察它们的生活习性、了解它们的繁殖方式、研究它们的疾病等，为进一步扩大野生动物的族群数量而努力。

在野生动物自然保护区的保护下，野生动物还会面临灭绝的危险吗？如果是一个生态完好的保护区的话，那么它当然可以庇护好身处其中的动物，但一旦保护区的自然环境遭受破坏，那么带给野生动物的灾难也是巨大的。

大部分自然保护区都身兼两种功能，它不仅是野生动物的保护区，还是野生植物的保护区，它保护的其实是当地整个生态系统。如长白山自然保护区就是长白山周围地区的生态保护网，它除了是东北虎、梅花鹿等濒灭动物的避风港之外，还是草苁蓉、人参等稀有植物的种植园。

88.动物园可以有效保护濒灭动物吗

在东北地区的山林间，过去十分常见的东北虎现在已经很难见到了，但在动物园里，我们还能看见被关在笼子里的东北虎。在野外难以见到的金丝猴、丹顶鹤等动物，在动物园里也十分常见。这是为什么呢？是因为动物园保护了它们吗？

大家还记得成为濒灭动物的前提条件是什么吗？濒灭动物一定得是野生动物。什么是野生动物？就是生活在野外自然环境中的动物。可动物园里的东北虎呢？它们被关在笼子里，是人类圈养的动物，虽然它有着与野生东北虎一样的外形特征，但它的生活习性和兽性已经与野生东北虎大不相同，实际上它们已经是两种不同的动物了。所以，在野外见不到濒灭动物与在动物园里能见到它们的同类，二者并不冲突。

也许有人会问，既然动物园可以将动物喂养得那么好，那么是不是可以将濒灭动物放在动物园里养一段时间呢？答案是可以的。2008 年，汶川发生大地震，卧龙自然保护区也感受到了强烈的震感，为了保护保护区里的大熊猫，工作人员紧急将大熊猫转移到了附近的动物园里，暂时进行人工喂养。等到保护区重建好后，再让大熊猫们搬回“家”。这是一种临时的保护措施。还有一种情况是，当濒灭动物的数量下降至极低的状态，再继续放任它在野外生存就会马上灭绝的时候，就有必要将它们迁至动物园中，与它们的亲戚生活在一起，为它们找到配偶，生下新的后代。

虽然将濒灭动物带入动物园中会逐渐丧失它们的野性，但当濒灭动物的数量下降至极度灭绝危险的状态时，动物园可以为它们保留最后的希望。

89. 人工繁殖对保护濒灭动物有什么帮助

看到濒灭动物的现状，人类已经渐渐意识到了过去的错误，开始为保护动物而付诸行动。颁布动物保护法令、打击非法动物贸易、建立自然保护区等，足可见人类对保护濒灭动物的重视。这些都是从保护濒灭动物的野外族群方面着手的，但如果野外族群没有了呢？如果这些方法都无法阻止濒灭动物的灭绝进程，我们该怎么办？

还记得中国的“四不像”是如何失而复得的吗？英国政府仅仅向中国赠送了几十只麋鹿，它们是如何发展到现在 2000 多头这个规模的呢？靠的就是人工繁殖。所谓的人工繁殖，就是用科学技术干预动物的交配、生育，人为地参与动物的繁殖过程。以麋鹿为例，首先，为它们挑选身体健康的伴侣，营造舒适的生活环境。如果母麋鹿无法正常受精的话，就人工将精子注入母麋鹿体内来使它受孕。然后，在孕期时刻监视它的怀孕状况，不断提供母麋鹿怀孕所需要的一切营养，直至产下小麋鹿。当人工繁殖成功之后，为濒灭动物的族群积累了一定基础的时候，就可以着手对它们进行野化训练以及放生野外了。

对于濒灭动物来讲，人工繁殖是一项有效的改善族群成员稀少的办法，但人工繁殖也有弊端。并不是每一次人工繁殖都会成功，濒灭动物的身体状况、配合度，以及人工繁殖技术本身都会影响人工繁殖的成功率。保护濒灭动物最有效的方法其实就是在它成为濒灭动物之前，就对它施予保护，让它不会成为濒灭动物。

90. 保护热带雨林对于保护濒灭动物有什么意义

亚马孙热带雨林是世界上最大的热带雨林，跨越了南美洲8个国家，其中以巴西境内的热带雨林面积最大。从20世纪60年代开始，巴西政府开始对雨林进行开发，他们大量焚毁雨林中的树木，用于发展农业、畜牧业，还在雨林里大肆开矿、修建公路。对巴西政府的毁林行为，许多国家纷纷表示不赞同，认为这是对地球环境极大的破坏。为什么人们都不赞同巴西政府开发热带雨林呢？我们要保护热带雨林吗？

热带雨林有着世界上最为丰富的生物资源，如果雨林被破坏了的话，那么生活在雨林中的生物也将不复存在。热带雨林里有许多别的地方所没有的动物，比如，与人类最相似的黑猩猩、有着美丽外表但毒性惊人的箭毒蛙、不惧鳄鱼的“超级水獭”……这些奇特而又稀有的动物是热带雨林特有的产物。此外，热带雨林中还有一些独特的雨林植物。雨林开发，直接受到毁灭性打击的就是它们。

马来西亚的婆罗洲热带雨林是世界上现存的原始雨林之一，早在1.3亿年前的白垩纪，这里就已经是一片绿色的海洋了。这里不仅拥有丰富的动植物资源，还是生物活化石的聚集地，如果这片雨林遭到破坏的话，人类将从什么地方再找到这样的一片遗迹来研究生物的进化和自然的变迁呢？

热带雨林不仅是生物多样性的宝库，还能调节气候，促进大气的水循环；它还是我们地球母亲的呼吸之肺，能够净化空气中的二氧化碳，为人类提供赖以生存的氧气。

91. 保护湿地有利于保护濒灭动物吗

“湿地”，顾名思义，也就是潮湿的地方、有水的土地。具体来说，湿地是介于河流与陆地之间的一种自然景观，我们可以将它理解为是一块水分较多的土地，如沼泽、湖泊。

湿地是许多鸟类动物的天堂。据统计，仅仅在中国就有 271 种鸟类是生活在湿地生态系统下的。湿地还是一些濒于灭绝的鸟类最后的避难所，黑龙江的三江自然保护区的自然景观就是湿地，它为白鹳、大天鹅、丹顶鹤等濒灭鸟类提供了栖息和繁衍的场所。

三江平原湿地还是著名的天然渔场。湿地是一片水草丰美的地方，充足的流水使得水生动物、鱼类可以在这里生存，而水草和浮游生物则为鱼类提供了天然的饵料，湿地常见的有鳇鱼、鲤鱼、鲟鱼等，生活在这里的鱼类真是不亦乐乎啊！

湿地水陆兼备的生态系统还十分适合两栖爬行类动物的生存。乌龟、青蛙、蜥蜴、蛇等动物是湿地最常见的动物。就连“活化石”扬子鳄也是一位不折不扣的“湿地动物”呢！它既喜欢在水中游泳，又喜欢在岸上晒太阳，湿地恰恰能提供这些条件。在湿地中，它们有着高超的打洞技术，稀松潮湿的泥土在它的利爪下很快就被刨成了一个小窝，扬子鳄们喜欢在里面过冬。

此外，麋鹿、梅花鹿等很多动物也十分喜欢湿地的环境。

湿地虽然为动物们提供了绝佳的栖息场所，但湿地本身的生态环境却是十分脆弱的，一旦流经湿地的水资源减少，或者被污染，湿地原本的生态平衡就会被打破，里面的动物也会因此而受到影响。所以，我们要保护湿地！

92. 克隆技术可以挽救濒灭动物吗

克隆技术从“诞生”的那一天开始就饱受争议，虽然人们认为这项技术在很大程度上可以造福人类，但对它的研究还处于极低的水平。什么是克隆，你知道吗?

我们通常所了解的繁殖，是需要雄性和雌性的交配才可以产下新的生命体,而采用了克隆技术之后,只需要对某个动物体内的一个细胞进行培养分化,再将它植入雌性子宫中，等待出生就可以了。克隆是一种无性繁殖。值得一提的是，克隆繁衍出的这个后代身上的基因与最初提供给它细胞的那个动物是完全一样的，就像是复制一样。

如果濒灭动物也可以用这种“复制”技术来繁殖后代，它们是不是就可以不再濒灭呢?世界上最著名的克隆成果就是绵羊多利，它是从一个母绵羊的体细胞中克隆出来的，未经精子的受孕。这项成果曾经震惊了全世界，人们希望它能像正常羊一样生长。尽管科学家们小心地照料多利，但多利还是在 6 年后因肺部感染死去，寿命是正常绵羊寿命的二分之一。这可能也反映出了克隆动物身体虚弱、容易早衰的不足之处。

如此看来，现有的克隆技术水平还比较低下，无法保证濒灭动物的生命安全，更别提扩大濒灭动物的族群数量了。所以，我们现在能做的就是收集世界上所有濒灭动物的基因，然后将它们保存起来。如果濒灭动物不幸灭绝的话，未来还有通过克隆技术令它们复活的希望。

93. 恐龙还会重新出现在地球上吗

美国大片《侏罗纪公园》曾经是一部风靡全球的电影，影片讲述了一群科学家历经千辛万苦从一大群被复活的恐龙口下逃生的故事，这些远古霸主凶猛异常，让人胆战心惊。看过这部电影之后，人们不禁在想，恐龙可能会像《侏罗纪公园》所演的那样，重新出现在地球上吗？

大约在 6500 万年以前，恐龙是地球上的霸主，它们统治地球长达 1.65 亿年，同时期的其他动物都不是它们的对手。但在白垩纪的生物大灭绝中，恐龙却十分迅速地退出了历史的舞台，此后再也不见它们的踪影。关于恐龙的灭绝，至今仍是一个谜，科学家们只能从深埋地底的恐龙化石中找寻蛛丝马迹。但随着发现的恐龙化石越来越多，人们越来越惊叹于这一强大的动物，有了想要亲眼见一见它的想法。现代的科技可以复活恐龙吗？

复活恐龙，前提条件是要有恐龙的 DNA，也就是基因组织，而这只能寄希望于恐龙化石中还有残存的 DNA 组织。1995 年，北京的一批科学家宣称找到了一枚恐龙蛋化石，并从中提取到了类似恐龙基因的残余组织。恐龙要被复活了吗？这还远远不够，找到基因只是万里长征的第一步，每个动物的基因组成都是十分复杂的，恐龙有多少种基因？基因是怎么排序的？这些我们都不知道。还有恐龙细胞如何培养、找什么动物生下恐龙、恐龙可能发生的变异等问题，都在困扰着人类。

只有把这些问题一一都解决了，我们才有可能让恐龙再次出现在地球上。

94. 科学家能成功复活猛犸象吗

你们看过动画片《冰河世纪》吗？对里面那高大威猛的猛犸象还有印象吗？可不要以为它只是存在于动画片中的虚拟动物，猛犸象曾是真实存在于地球上的动物呢！只不过它和恐龙一样，都永远地消失在了历史的长河之中。

非洲象是现存陆地上最大的动物，但是在距今 160 万年 ~ 1 万年以前，地球上还有一种比非洲象更粗壮庞大的象，它就是猛犸象。猛犸象仅仅是象牙就有 1.5 米长，成年猛犸象高约 3 米，长约 6 米，体重在 6 ~ 8 吨，有些甚至可以达到 12 吨，是非洲象的两倍。猛犸象有着一圈厚脂肪和一身长长的毛，所以它十分耐寒，可以栖息在寒冷的冰原地带。而这也为复活猛犸象提供了便捷的条件。

为什么这么说呢？因为猛犸象生活的地方气候严寒，常年被冰雪覆盖，就像冰箱具有保鲜效果一样，猛犸象的尸体也在冰冻之中被完好地保存了下来。人们在亚洲和北美洲北部的冰原中，就不止一次地发现了被冰冻住的猛犸象尸体，甚至在这些尸体中发现了保存完好的猛犸象的毛发、骨髓和活细胞。有了这些材料，于是有科学家们打算利用克隆技术复活猛犸象。

日本科学家声称将为猛犸象选择它们的现代近亲大象作为生育母亲，将提取出来的猛犸象细胞核放入母大象的卵子中，培育成一个胚胎后再植入母大象的子宫，然后等待大象的生育。这一系列行为只是科学家们为复活猛犸象所做的预期设想，真正的实验还未开始。但有研究者表示，他们已经为复活猛犸象做好了准备，很快就能让猛犸象复活。

猛犸象真的能复活吗？让我们期待这一科学奇迹的发生吧！

互动问答
Mr. Know All

001.濒灭动物属于下列哪种动物？

A.人工驯养的动物
B.野生动物
C.家养动物

002.下列哪一项不是导致动物濒危的原因？

A.自然灾害
B.地球公转
C.人类活动

003.下列哪种动物不属于濒灭动物的概念？

A.珍贵动物
B.稀有动物
C.草原动物

004.关于濒灭动物，下列哪一项说法是正确的？

A.濒灭动物是野生动物
B.每个国家的濒灭动物都一样
C.一旦成为濒灭动物，就一直是濒灭动物

005.判断濒灭动物最直观的标准是什么？

A.动物的繁殖能力
B.动物的栖息地
C.动物的野生种群数量

006.下列哪一类动物不是濒灭动物？

A.数量稀少的动物
B.生活在野外的动物
C.生活区域狭小的动物

007.关于蚊子，下列哪一项说法是正确的？

A.蚊子是濒灭动物
B.冬天蚊子最多
C.蚊子不是濒灭动物

008.一种动物的种群数量需要持续下降多少年才会被认定为濒灭动物？

A.5 年
B.1 年
C.3 年

009.下例哪一个地方不是东部美洲狮的栖息地？

A.加拿大东南部

B.美国东北部

C.墨西哥东部

010.东部美洲狮在哪一年被列为濒灭动物？

A.1973 年

B.2011 年

C.1993 年

011.下列哪一项不属于东部美洲狮灭绝的原因？

A.栖息地的破坏

B.水源的污染

C.种群的自相残杀

012.关于树袋熊，下列哪一项说法是错误的？

A.曾经是濒灭动物

B.没有属于自己的自然保护区

C.是澳大利亚的国宝

013.下列哪一项不属于动物被自然淘汰的原因？

A.人类捕杀

B.自身生存能力弱

C.自然环境的变化

014.为什么现在野牛、野羊的踪迹难觅？

A.躲藏起来了

B.草原被破坏了

C.迁徙到其他地方了

015.谁是造成濒灭动物数量稀少最直接的凶手？

A.放牧的人

B.种田的人

C.捕杀野生动物的人

016.17 世纪以来，世界上大约灭绝了多少种鸟类？

A.100 种

B.150 种

C.250 种

017.17 世纪以来，约有多少种两栖爬行类动物灭绝？

A.80 种

B.100 种

C.120 种

018.下列哪一项不属于《世界濒危动物红皮书》中的统计内容？

A.20 世纪灭绝了 110 种哺乳动物

B.20 世纪灭绝了 50 种两栖爬行类动物

C.20 世纪灭绝了 139 种鸟类

019.在工业社会以前，平均多少年才会灭绝一种鸟类？

A.100 年

B.300 年

C.500 年

020.为什么雨林动物的生命遭受到了威胁？

A.雨林面积急速减少

B.天敌的威胁

C.物种的迅速繁殖

021.是什么导致了草原失去生机？

A.土地荒漠化

B.气候变化

C.城市化

022.在下列哪个国家可以见到野生亚洲狮？

A.中国

B.美国

C.印度

023.下列哪一项不是造成海洋动物濒危的主要原因？

A.海洋污染

B.过度捕捞

C.近亲繁殖

024.对渡渡鸟的描述，下列哪一项说法是错误的？

A.体型庞大

B.双腿粗壮

C.翅膀发达

025.“世界最南端的狼”在哪个国家？

A.日本

B.阿根廷

C.南极

026.下列哪一项不是史德拉海牛的特征？

A.反应灵敏

B.性格温和

C.动作迟缓

027.下列哪一种动物不是灭绝动物？

A.渡渡鸟

B.西伯利亚狼

C.史德拉海牛

028.《世界濒危动物红皮书》为濒灭动物定义了几个等级？

A.6 个

B.8 个

C.10 个

029.在中国使用的濒灭动物等级划分标准中，下列哪一项是最低的级别？

A.易危

B.稀有

C.渐危

030.国家一级保护动物是下列哪种划分方法的级别之一？

A.八级法

B.六级法

C.两级法

031.朱鹮属于濒灭动物的什么等级？

A.野外灭绝

B.极危

C.濒危

032.关于功能性灭绝的定义，下列哪一项说法是错误的？

A.族群无法继续生存

B.等同于动物灭绝

C.白鳖豚是功能性灭绝动物

033.象龟的命名缘由是什么？

A.身高和大象一样

B.脖子和大象的鼻子一样长

C.四肢像大象的四肢一样粗壮

034.对平塔岛象龟现状的描述，下列哪一种说法是正确的？

A.世界上只有一只平塔岛象龟

B.科学家们目前只发现了一只平塔岛象龟

C.在伊莎贝拉岛上有 2000 只平塔岛象龟

035.下列哪一项不属于威胁濒灭动物生存的因素？

A.野生动物自然保护区的建立

B.动物贸易的兴盛

C.环境污染的加剧

036.“狼和鹿”的故事中，最终小鹿为什么会大量死去？

A.饥饿和疾病

B.狼群的捕杀

C.人类的捕杀

037.凯巴伯森林最后变成什么样了？

A.变成了草原
B.草木更加茂盛
C.变成了没有生机的荒地

038.下列哪一类老虎生活在中国东北地区？

A.远东虎
B.俄罗斯虎
C.东北虎

039.下列哪一类老虎是只有中国才有的老虎？

A.苏门答腊虎
B.东北虎
C.华南虎

040.关于孟加拉虎，下列哪一项说法是错误的？

A.印度有孟加拉虎
B.雪虎不属于孟加拉虎
C.金虎是孟加拉虎的变种

041.下列哪一类老虎已经灭绝了？

A.巴厘虎
B.印度支那虎
C.孟加拉虎

042.东北虎没有生活在下列哪一个国家？

A.中国
B.印度
C.俄罗斯

043.下列哪一项不属于东北虎赖以生存的武器？

A.皮毛
B.虎爪
C.虎牙

044.东北虎一般在什么时候外出觅食？

A.白天
B.傍晚和黎明前
C.前半夜

045.东北虎身上的哪一个器官十分灵敏，可以分辨不同动物？

A.鼻子
B.眼睛
C.耳朵

046.柚木一般生长在什么地区？

A.沙漠地区
B.温带地区
C.热带地区

047.猪鼻蝙蝠生活在下列哪一个国家？

A.泰国
B.缅甸
C.印度尼西亚

048.关于猪鼻蝙蝠，下列哪一项说法是错误的？

A.猪鼻蝙蝠是世界上最小的蝙蝠
B.猪鼻蝙蝠是世界上最小的动物
C.猪鼻蝙蝠又被称为“大黄蜂蝠”

049.下列哪一项不是猪鼻蝙蝠濒灭的主要原因？

A.泰国居民的捕杀
B.其他蝠类的捕食
C.人类对森林的破坏

050.蜗牛通常在什么季节可以见到？

A.冬季
B.春季
C.夏季

051.关于夏威夷蜗牛繁衍后代，下列哪一项说法是错误的？

A.每一只夏威夷蜗牛都可以生育后代
B.夏威夷蜗牛通过产卵来繁衍后代
C.直接生下小蜗牛

052.下列哪一项不属于夏威夷蜗牛濒灭的原因？

A.海水的上涨
B.天敌的掠食
C.人类对其栖息地的破坏

053.关于蜗牛的奇特之处，下列哪一项说法是正确的？

A.蜗牛没有牙齿
B.蜗牛的生命十分脆弱
C.蜗牛的形态各异

054.在中国，孔雀雉分布于下列哪两个省？

A.云南和河南

B.海南和湖南

C.云南和海南

055.孔雀雉的羽毛是什么颜色的？

A.灰色

B.乌褐色

C.白色

056.关于孔雀雉和孔雀的分类，下列哪一项说法是正确的？

A.两者都是雉科动物

B.孔雀雉属于雉科孔雀属

C.孔雀雉和孔雀所属的种一样

057.孔雀雉和孔雀展开尾巴的原因是什么？

A.散热

B.威吓

C.求偶

058.一群旅鸽最多可以有多少位成员？

A.1 万多位

B.1 亿多位

C.10 万多位

059.哥伦布在什么时候发现新大陆？

A.13 世纪

B.14 世纪

C.15 世纪

060.最早有人提出要保护旅鸽是什么时候？

A.20 世纪中期

B.19 世纪末

C.19 世纪中期

061.最后一只旅鸽死于哪一年？

A.1914 年

B.1900 年

C.1878 年

062.埋葬虫的名字从何而来？

A.因为它会清理垃圾

B.因为它会埋葬同类的尸体

C.因为它会埋葬动物尸体

063.下列哪一项不属于埋葬虫的身体特征？

A.柔软

B.坚硬

C.扁平

064.埋葬虫遇到危险会怎么做?

A.排放粪液

B.释放毒气

C.缩进壳里

065.关于埋葬虫，下列哪一项说法是正确的?

A.埋葬虫以垃圾为食

B.不同地方的埋葬虫长得都不太一样

C.埋葬虫靠鼻子来分辨气味

066.世界上一共有多少种犀牛?

A.2 种

B.3 种

C.5 种

067.北白犀与南白犀相比，下列哪一项说法是正确的?

A.北白犀生活的地域比南白犀广

B.北白犀的数量比南白犀少

C.北白犀的体型比南白犀大

068.最后的不足 25 只的北白犀族群为什么会数量锐减?

A.加兰巴公园环境恶化

B.大象侵占了北白犀的家园

C.非法偷猎行为的猖獗

069.下列哪一个国家没有北白犀?

A.中国

B.美国

C.捷克

070.关于黑犀与白犀的颜色，下列哪一种说法是正确的?

A.白犀是白色的

B.白犀与黑犀的颜色接近

C.黑犀是黑色的

071.在现存的 5 种犀牛中，黑犀的体型排第几?

A.第四

B.第二

C.第一

072.黑犀与白犀相比，下列哪一项说法是错误的?

A.黑犀的嘴巴比白犀的嘴巴尖

B.黑犀的体型比白犀小

C.黑犀的耳朵比白犀大

073.关于两种犀牛的性格，下列哪一种说法是正确的?

A.黑犀的性格比较温顺

B.白犀的性格比较暴躁

C.白犀比黑犀温和

074.中国从哪一个朝代开始，草原上的人口大量增多了？

A.清代
B.明代
C.宋代

075.下列哪种人类行为没有危害到草原生态环境？

A.开垦土地
B.砍伐树木
C.减少羊群的规模

076.为什么狼不被大多数人喜欢？

A.长相丑
B.生性凶残
C.会危害环境

077.如今，大部分野生草原狼栖息在哪个国家？

A.俄罗斯
B.中国
C.蒙古

078.野马与一般的马相比，下列哪一项说法是错误的？

A.野马比较机警
B.野马的体型较大
C.野马比一般的马更善于奔跑

079.历史上，野马曾广泛地分布于下列哪一个大陆？

A.非洲大陆
B.美洲大陆
C.亚欧大陆

080.关于欧洲野马的濒灭状况，下列哪一项说法是正确的？

A.野外灭绝
B.灭绝
C.濒危

081.关于普氏野马，下列哪一项说法是错误的？

A.普氏野马已经灭绝
B.普氏野马是亚洲野马
C.普氏野马是濒灭动物

082.袋狼的身子像什么动物？

A.狼
B.老虎
C.袋鼠

083.袋狼曾经的栖息地在哪里？

A.仅澳大利亚大陆
B.澳大利亚大陆及其附属岛屿
C.澳大利亚和英国

084.袋狼最后的栖居地在哪？

A.维多利亚岛
B.新几内亚
C.塔斯马尼亚岛

085.《毛诗草木鸟兽虫鱼疏》是谁写的？

A.李白
B.陆机
C.杜甫

086.《毛诗草木鸟兽虫鱼疏》中对丹顶鹤外形的描述，下列哪一项说法是错误的？

A.红色的头顶
B.绿色的翅膀
C.红色的眼睛

087.丹顶鹤为什么会暂时失去飞翔能力？

A.受伤
B.生殖
C.换羽

088.关于雪豹的属类，下列哪一项说法是错误的？

A.雪豹是豹的一种
B.雪豹是大型猫科动物
C.雪豹与狮不是同一类动物

089.对雪豹外形的描述，下列哪一项说法是正确的？

A.雪豹形似豹，但却比豹要大
B.雪豹全身雪白
C.雪豹的身上布满斑点

090.雪豹的尾巴有什么作用？

A.清洁身体
B.保持身体平衡
C.卷住猎物

091.下列哪一座山没有雪豹分布？

A.天山
B.昆仑山
C.泰山

092.山猫是属于哪一科的动物？

A.猫科
B.犬科
C.虎科

093.关于猞猁的身体特征，下列哪一项说法是错误的？

A.猞猁比家猫的体型大
B.猞猁前肢长后肢短
C.猞猁的尾巴显得十分短小

094.猞猁耳尖上的丛毛有什么作用？

A.保暖
B.伪装
C.接收声音

095.猞猁的主要食物是什么？

A.野兔
B.松鼠
C.树叶

096.下列哪一种动物不是有蹄类动物？

A.牛
B.羊
C.大象

097.下列哪一项属于奇蹄目动物？

A.有 2 个脚趾的动物
B.有 3 个脚趾的动物
C.有 4 个脚趾的动物

098.下列哪一种动物是有蹄类奇蹄目动物？

A.牦牛
B.藏羚羊
C.犀牛

099.下列哪一个大洲没有野生貘的分布？

A.非洲
B.南美洲
C.亚洲

100.关于龙猫，下列哪一项说法是正确的？

A.龙猫是一种猫
B.龙猫是一种栗鼠
C.龙猫是一种花鼠

101.下列哪一种龙猫属于野生龙猫？

A.短尾毛丝鼠
B.金色龙猫
C.银色龙猫

102.人们为什么要猎杀野生龙猫？

A.为了去除鼠害

B.为了吃龙猫的肉

C.为了获取龙猫珍贵的皮毛

103.关于狼的颜色，下列哪一项说法是正确的？

A.大多数狼是红色的

B.所有的狼都是大灰狼

C.有的狼的皮毛颜色是灰黑相杂的

104.红狼生活在下列哪一个国家？

A.加拿大

B.美国

C.英国

105.关于红狼的分布范围，下列哪一项的说法是错误的？

A.红狼曾广泛分布于整个美洲

B.美国的东南部曾是红狼的栖息地

C.宾夕法尼亚州曾经有红狼出没

106.为什么红狼找不到同类来繁殖后代？

A.不喜欢同类

B.同类稀少

C.打不过其他狼群

107.野生山地大猩猩生活在下列哪一座山脉？

A.乞力马扎罗山

B.维龙加山脉

C.阿特拉斯山脉

108.山地大猩猩的活动时间是什么时候？

A.傍晚

B.午夜

C.白天

109.关于山地大猩猩的生活习性，下列哪一项说法是错误的？

A.山地大猩猩白天出来活动

B.山地大猩猩不吃树根

C.山地大猩猩是食草类动物

110.是什么原因造成了山地大猩猩没有受到很好的保护？

A.工业的发展

B.政局动荡

C.偷猎行为的猖獗

111.关于老虎的9个亚种，下列哪一项的说法是错误的？

A.巴厘虎出自印度尼西亚

B.印度尼西亚曾有3种老虎

C.爪哇虎未灭绝

112.关于苏门答腊岛，下列哪一项的说法是正确的？

A.苏门答腊岛是印尼第一大岛屿

B.苏门答腊岛占据了印尼四分之三土地

C.苏门答腊岛上有许多珍贵动物

113.下列哪种产业不是造成苏门答腊虎栖息地缩小的原因？

A.畜牧业

B.造纸业

C.油棕种植业

114.除雨林的毁坏外，下列哪一项是造成苏门答腊虎濒灭的另一个主要原因？

A.海啸

B.疾病

C.老虎贸易

115.陆地上现存最大的动物是什么？

A.亚洲象

B.非洲象

C.长颈鹿

116.亚洲象与非洲象相比，下列哪一项的说法是正确的？

A.亚洲象比非洲象大

B.亚洲象的耳朵比非洲象小

C.亚洲象的四肢比非洲象粗壮

117.关于亚洲象的分布范围，下列哪一项的说法是错误的？

A.历史上亚洲象曾广泛分布于南亚地区

B.历史上亚洲象曾广泛分布于东南亚国家

C.历史上亚洲象曾分布在中国的西北地区

118.在下列哪一个国家无法找到野生亚洲象的足迹？

A.日本

B.中国

C.马来西亚

119.黑白疣柳猴生活在下列哪一个国家？

A.厄瓜多尔

B.刚果

C.巴西

120.黑白柽柳猴身上没有下列哪一种颜色？

A.黑色

B.红色

C.褐色

121.关于黑白柽柳猴的身长和体重，下列哪一项说法是错误的？

A.身长小于 30 厘米

B.身长大于 20 厘米

C.体重大于 500 克

122.下列哪一种动物不是黑白柽柳猴的天敌？

A.美洲豹

B.秃鹰

C.蜥蜴

123.下列哪种猴是世界上体型最大的猴？

A.大猩猩

B.山魈

C.跗猴

124.下列哪种猴是世界上最小的猴？

A.跗猴

B.笔猴

C.侏儒狨

125.侏儒狨生活在哪儿？

A.亚马孙热带雨林

B.亚洲热带雨林

C.非洲赤道附近

126.关于侏儒狨的大小，下列哪一项说法是错误的？

A.侏儒狨的身长在 10 ~ 12 厘米

B.侏儒狨的体重有 200 克

C.新生侏儒狨只有蚕豆般大小

127.现在狐猴都分布在哪里？

A.非洲大陆和马达加斯加岛

B.南美洲和非洲

C.只有马达加斯加岛

128.关于狐猴，下列哪一项说法是错误的？

A.狐猴的体型差异很大

B.最小的狐猴只有 13 厘米长

C.狐猴指的就是长得像狐狸的猴子

129.下列哪种狐猴爱吃竹子？

A.侏儒狐猴
B.金竹狐猴
C.红腹狐猴

130.下列哪种狐猴的体型最大？

A.维氏冕狐猴
B.环尾狐猴
C.领狐猴

131.箭毒蛙喜欢生活在什么样的环境中？

A.阴暗潮湿
B.温暖干燥
C.阴暗干燥

132.关于箭毒蛙的外表，下列哪一项说法是错误的？

A.有红色的箭毒蛙
B.箭毒蛙只有一种颜色
C.箭毒蛙的外表是缤纷艳丽的

133.箭毒蛙靠什么来抵御危险？

A.华美的外衣
B.分泌的毒液
C.释放的有毒气体

134.下列哪一种箭毒蛙是最毒的？

A.黄带箭毒蛙
B.迷彩箭毒蛙
C.金色箭毒蛙

135.下列哪一个国家不是小蓝金刚鹦鹉曾分布的国家？

A.巴西
B.哥伦比亚
C.美国

136.下列哪种动物杀死了大量小蓝金刚鹦鹉？

A.秃鹫
B.蟒蛇
C.杀人蜂

137.导致小蓝金刚鹦鹉几乎灭绝的最主要原因是什么？

A.栖息地的破坏
B.外来物种的侵扰
C.人类的盗猎行为

138.最后一只野生小蓝金刚鹦鹉是在哪一年失踪的？

A.1985 年
B.2000 年
C.2010 年

139.海鬣蜥头上的白色区域是什么？

A.排泄物

B.盐分

C.皮肤

140.海鬣蜥游泳的最大动力来自它身体的哪一个部位？

A.四肢

B.尾巴

C.头部

141.海鬣蜥在水下通过什么方式来减少热量的丧失？

A.在水下行走

B.停止游泳，随水流流动

C.降低血液循环速度

142.关于鸭嘴兽，下列哪一项说法是正确的？

A.鸭嘴兽是现存世界上最古老的动物

B.鸭嘴兽有两个亚种

C.鸭嘴兽是最原始的哺乳动物之一

143.野生鸭嘴兽没有生活在下列哪一地区？

A.澳大利亚大沙漠

B.澳大利亚东部

C.塔斯马尼亚岛

144.鸭嘴兽过去曾经濒灭的原因是什么？

A.全球气候变暖

B.外来动物的侵扰

C.人类的大量捕杀

145.下列哪一项不是澳大利亚政府为保护鸭嘴兽所采取的举措？

A.禁止研究

B.制定保护法规

C.人工繁殖

146.关于岛屿灰狐，下列哪一项说法是错误的？

A.岛屿灰狐是美国最小的狐狸

B.岛屿灰狐是世界上最小的狐狸

C.岛屿灰狐的大小和家猫一般

147.岛屿灰狐一共有几个亚种？

A.4 种

B.5 种

C.6 种

148.下列哪种动物捕杀了大量岛屿灰狐？

A.金雕

B.美洲豹

C.白头雕

149.下列哪一项不是造成岛屿灰狐濒灭的原因？

A.瘟疫的流行

B.岛上火山喷发

C.外来动物的竞争

150.关于漂泊信天翁，下列哪一项说法是错误的？

A.翅膀最长的鸟类

B.现存最大的鸟类

C.一生之中，大多数时间都在海上飞翔

151.为什么称漂泊信天翁为“长翼的海上天使”？

A.漂泊信天翁是十分重感情的动物

B.漂泊信天翁是水手的守护神

C.漂泊信天翁长得像天使

152.漂泊信天翁一次生育几只小鸟？

A.3 只

B.2 只

C.1 只

153.下列哪一项美誉不是用来形容漂泊信天翁的？

A.“长翼的海上天使”

B.“杰出的滑翔员”

C.“南极绅士”

154.下列哪种企鹅是世界上最大的企鹅？

A.王企鹅

B.帽带企鹅

C.帝企鹅

155.为什么帝企鹅的栖息地面积会缩小？

A.海豹的侵占

B.气候变暖致使冰面融化

C.北极熊来到了南极

156.在南极，经常发生的极端天气是什么？

A.龙卷风

B.冻雨

C.干旱

157.关于全球气候变暖对企鹅的危害，下列哪一项说法是正确的？

A.全球气候变暖会威胁到成年企鹅的生存

B.气候变暖会让企鹅身上的羽毛减少

C.全球气候变暖会使鱼类生存到陆地上来

158.冰川霸主是谁？

A.北极熊

B.企鹅

C.北极狐

159.陆地上最大的肉食动物是谁？

A.北极熊

B.科迪亚克棕熊

C.东北虎

160.北极熊体内的脂肪含量是多少？

A.占体重的 40%

B.占体重的 60%

C.占体重的 80%

161.下列哪一项不是北极熊的食物之一？

A.鱼

B.海豹

C.企鹅

162.关于骆驼的外表，下列哪一项说法是错误的？

A.深棕色的毛发

B.蒲扇似的耳朵

C.粗壮的四肢

163.下列哪个国家没有野生骆驼分布？

A.中国

B.蒙古

C.哈萨克斯坦

164.野骆驼与人工驯养的骆驼相比，下列哪一项说法是错误的？

A.野骆驼更有耐力

B.野骆驼更机警

C.人工驯养的骆驼更高大、更健壮

165.中国是如何保护野生双峰骆驼的?

A.圈养野生骆驼
B.建立自然保护区
C.捕杀野生双峰骆驼的天敌

166.弓角羚羊的外表是什么颜色的?

A.白色
B.黑色
C.棕黄色

167.弓角羚羊背上的白色纹路有什么作用?

A.警告伙伴
B.警告天敌
C.辨别方向

168.弓角羚羊为什么不断迁徙?

A.为了过冬
B.为了躲避天敌
C.为了寻找食物

169.中国的弓角羚羊叫作什么?

A.中国对角羚羊
B.中华对角羚
C.中华弓角羚

170.长耳跳鼠的身体长度不可能是多少厘米?

A.8 厘米
B.10 厘米
C.15 厘米

171.长耳跳鼠的耳朵大约是它脑袋的几倍大?

A.5 倍
B.3 倍
C.2 倍

172.下列哪一项不是长耳跳鼠濒灭的原因?

A.沙漠环境的恶化
B.蛇的增多
C.非法采矿业的兴盛

173.非法采矿业的兴盛为长耳跳鼠带来了什么危害?

A.带来了天敌——猫
B.带来了天敌——蛇
C.带来了杀鼠剂

174.下列哪一类动物不属于食肉动物？

A.黑猩猩

B.鲨鱼

C.鳄鱼

175.下列哪种鳄鱼是现存世界上最大的鳄鱼？

A.奥里诺科鳄鱼

B.尼罗鳄

C.湾鳄

176.对奥里诺科鳄鱼的描述，下列哪一项说法是错误的？

A.奥里诺科鳄鱼比湾鳄还要大

B.奥里诺科鳄鱼是南美洲最大的食肉动物

C.奥里诺科鳄鱼是鳄鱼家族的巨头之一

177.奥里诺科鳄鱼为什么成为濒灭动物？

A.栖息的河流狭窄

B.天敌众多

C.人类的捕杀

178.“暹罗”是下列哪个国家的旧称？

A.印度尼西亚

B.越南

C.泰国

179.下列哪一项不属于大规模饲养暹罗鳄的原因？

A.饲养方式简单

B.饲养成本低

C.暹罗鳄鱼皮十分受欢迎

180.下列哪两个国家是目前仅剩的野生暹罗鳄的聚集地？

A.马来西亚和印度尼西亚

B.越南和泰国

C.柬埔寨和老挝

181.下列哪一项不属于暹罗鳄鱼肉的功效？

A.抑制癌细胞生长

B.止血化痰

C.美白肌肤

182.湄公河不经过下列哪一个国家？

A.中国

B.泰国

C.印度

183.关于湄公河巨鲶，下列哪一项说法是错误的？

A.生活在湄公河里

B.高度濒危

C.世界上最大的淡水鱼种

184.阻碍湄公河巨鲶繁衍后代的原因是什么？

A.水坝的修建

B.河流改道

C.河水干涸

185.下列哪一种鱼不是生活在湄公河流域中的巨型淡水鱼？

A.巨型淡水黄貂鱼

B.暹罗巨鲤

C.巨骨舌鱼

186.下列哪一种动物不属于神话传说中的“四灵”？

A.麒麟

B.凤凰

C.白虎

187.平胸龟的头像什么动物？

A.凤凰

B.鹦鹉

C.龙

188.平胸龟会爬树得益于它身上哪两个部位？

A.四肢和尾巴

B.嘴巴和尾巴

C.四肢和嘴巴

189.平胸龟喜欢生活在下列哪一个环境中？

A.水流平缓的小溪

B.水流湍急的瀑布

C.水流湍急的山涧

190.鲟鱼最早出现在下列哪一个时期？

A.三叠纪

B.白垩纪

C.侏罗纪

191.一般匙吻鲟的嘴巴是什么形状的？

A.木浆状

B.长剑状

C.象鼻状

192.白鲟生活在下列哪一流域内？

A.黄河

B.湄公河

C.长江

193.关于白鲟的名字，下列哪一项说法是错误的？

A.白鲟因为吻部似剑而被称为“中国剑鱼”

B.白鲟因为长得和大象一样大而被称为“象鱼”

C.白鲟在古代被叫做“鲔”

194.关于南美大水獭，下列哪一项说法是错误的？

A.体型巨大

B.娇小可爱

C.头脑发达

195.大水獭为什么要拿着石头游泳？

A.为了让自己沉入水底

B.为了敲碎贝壳

C.是与天敌打架的武器

196.大水獭喜欢将巢穴安在什么地方？

A.水流平缓的岸边

B.陡峭的岸边

C.浅草地上

197.下列哪一项不是导致大水獭濒灭的原因？

A.流域内鳄鱼增多

B.环境污染

C.人类的猎杀

198.白鱀豚处于一个什么样的濒灭等级？

A.功能性灭绝

B.濒危

C.易危

199.“粉红河豚”是什么海豚？

A.白鱀豚

B.恒河豚

C.亚马孙河豚

200.印河豚的数量为什么会上升？

A.上游水坝的建立

B.人类对印河豚保护得当

C.恒河豚的减少

201.下列哪一种海豚不是四大淡水豚之一？

A.太平洋鼠海豚

B.白鱀豚

C.恒河豚

202.关于蓝鲸的大小，下列哪一项说法是正确的？

A.成年蓝鲸相当于 30 个非洲象的重量

B.每头蓝鲸的长度都相当于 9 层楼的高度

C.30 只蓝鲸相当于一只非洲象的重量

203.为什么蓝鲸不会沉到海底？

A.体积小

B.海水的浮力大

C.体重轻

204.关于蓝鲸的体形，下列哪一项说法是错误的？

A.呈流线型

B.像剃刀

C.短小壮硕

205.蓝鲸没有生活在下列哪一个大洋中？

A.印度洋

B.太平洋

C.南冰洋

206.在没有任何辅助装备的情况下，人一般可以潜水多少米？

A.10 米

B.200 米

C.300 米

207.关于抹香鲸，下列哪一项说法是错误的？

A.抹香鲸不是鱼类

B.抹香鲸需要隔一段时间浮出水面

C.抹香鲸用鳃呼吸

208.关于抹香鲸的潜水能力，下列哪一项说法是正确的？

A.潜水时间在 8 分钟左右

B.只可以下潜到距海面 1000 米深的地方

C.一分钟可以潜到 320 米深的海域

209.龙涎香位于抹香鲸身体的什么部位？

A.肠道

B.胃

C.眼睛

210.下列哪一个大洋不是护士鲨的生存海域？

A.太平洋

B.大西洋

C.北冰洋

211.关于护士鲨名字的由来，下列哪一项说法是错误的？

A.有人认为与护士鲨头部的形状有关

B.有可能来源于最初英文发音的误会

C.因为护士鲨会替其他鲨鱼处理伤口

212.护士鲨最初被科学家归为下列哪一类鲨鱼？

A.铰口鲨

B.猫鲨

C.虎鲨

213.关于护士鲨的性情，下列哪一项说法是正确的？

A.性情比较温顺

B.性情凶残

C.性情十分温和

214.虎鲸属于哪一种海洋动物科？

A.鲨鱼科

B.海豹科

C.海豚科

215.关于虎鲸的外表，下列哪一项说法是错误的？

A.身上有两种颜色

B.背鳍是白色的

C.腹部是白色的

216.下列哪一种动物不是虎鲸的食物？

A.企鹅

B.海豹

C.水母

217.下列哪一项不属于虎鲸数量下降的原因？

A.大白鲨数量的增多

B.捕鲸行为的猖獗

C.海洋污染的加剧

218.海豚用身体的哪一个器官呼吸？

A.肺

B.嘴巴

C.腮

219.母海豚用什么部位将小海豚托出水面？

A.嘴巴

B.背鳍

C.尾巴

220.关于海豚的智商，下列哪一项说法是正确的？

A.海豚是世界上最聪明的动物

B.海豚的智商比较普通

C.海豚的智商比大多数动物要高

221.下列哪一项不可能是海豚救人的原因？

A.出于见义勇为

B.出于人为的驯养

C.把人当作了玩具

222.小头鼠海豚生活在下列哪一个海湾？

A.墨西哥湾

B.加利福尼亚湾

C.波斯湾

223.对小头鼠海豚外形特征的描述，下列哪一项的说法是错误的？

A.黑色的嘴唇

B.白色的眼圈

C.圆润的身体

224.小头鼠海豚每年都会因为什么而丧失生命？

A.渔网

B.轮船螺旋桨

C.潜水艇

225.小头鼠海豚为什么会越来越虚弱？

A.鱼群的侵扰

B.围海造田

C.海水污染

226.关于海豹的分布范围，下列哪一项说法是正确的？

A.海豹只分布在南极周围海域

B.热带海域也有海豹

C.只有温带海域才有海豹

227.对僧海豹外形的描述，下列哪一项说法是错误的？

A.尖尖的脑袋

B.体型较大

C.棕灰色的皮毛

228.关于僧海豹的生活习性，下列哪一项说法是错误的？

A.夜晚捕食

B.在岸上交配

C.喜欢晒太阳

229.现存的地中海僧海豹不足多少只？

A.1000 只

B.1500 只

C.500 只

230.珊瑚归属于哪一类动物？

A.腔肠动物

B.海藻

C.爬行动物

231.下列哪一种原因不会造成珊瑚的大量死亡？

A.鱼群增多

B.海水温度上升

C.水体酸化

232.世界上最大的珊瑚礁群在哪个国家？

A.美国

B.澳大利亚

C.巴西

233.下列哪一项不是造成珊瑚渐渐消失的主要原因？

A.大型鲸鱼的碰撞

B.化学药剂的使用

C.污水排放

234.关于加拉帕戈斯象龟与棱皮龟，下列哪一项说法是正确的？

A.加拉帕戈斯象龟不如棱皮龟体型大

B.加拉帕戈斯象龟的龟壳比棱皮龟大

C.加拉帕戈斯象龟的体重是棱皮龟的两倍

235.棱皮龟的身上一共有几条纵棱？

A.5 条

B.7 条

C.12 条

236.对水母的描述，下列哪一项说法是错误的？

A.形状似伞

B.颜色透明

C.无毒动物

237.棱皮龟误食塑料袋后会造成什么后果？

A.饿死

B.肠道阻塞而死

C.呕吐

238.下列哪一项是儒艮与人类相似的地方？

A.长相

B.生育方式

C.体型

239.对儒艮和海牛尾巴的描述，下列哪一项说法是错误的？

A.儒艮的尾巴与海豚的尾巴很像

B.海牛的尾巴像电风扇的扇叶

C.海牛的尾巴中间有分叉

240.下列哪一项不属于儒艮和海牛的区别？

A.尾巴不同

B.哺乳方式不同

C.牙齿有些不同

241.儒艮的数量为什么会减少？

A.天敌的侵袭

B.海啸的发生

C.人类的海洋活动

242.海獭分布于下列哪一片海域？

A.北太平洋海域

B.南太平洋海域

C.北大西洋海域

243.下列哪一项不是海獭梳理皮毛的原因？

A.预防寄生虫

B.保持体温

C.为了整洁漂亮

244.海獭的睡姿是什么样的？

A.俯卧

B.仰卧

C.侧卧

245.遇到危险时，海獭用什么方式传递信息？

A.吼叫

B.跳舞

C.用尾巴拍击水面

246.海马的游泳姿势是什么样的？

A.横卧

B.直立

C.侧游

247.下列哪一种动物是由雄性哺育后代的？

A.美洲狮

B.美洲鸵鸟

C.亚洲象

248.雄海马的怀孕期为多长时间？

A.1 个月

B.2 ~ 3 周

C.1 ~ 2 周

249.下列哪一种动物是由雄性生育后代？

A.海龙

B.企鹅

C.鸵鸟

250.下列哪一种宝石不是产自海洋？

A.珊瑚

B.钻石

C.翡翠

251.“玳瑁”的意思不包括下列哪一项？

A.一种海龟

B.海龟的龟壳材质名

C.海龟的龟爪

252.玳瑁龟壳经过下列哪一种处理会变得柔软？

A.低温处理

B.高温处理

C.物理分解

253.造成玳瑁濒灭的主要原因是什么？

A.同类间的互相打斗

B.海洋污染

C.人类的猎杀

254.潜水艇发明于哪一个世纪？

A.14 世纪

B.15 世纪

C.16 世纪

255.雷达的发明与下列哪一种动物有关？

A.蝙蝠

B.海豚

C.老虎

256.对鹦鹉螺外形的描述，下列哪一项说法是错误的？

A.外壳颜色艳丽

B.状似鹦鹉的嘴巴

C.外表有些丑陋

257.潜水艇与鹦鹉螺有什么关系？

A.潜水艇又名“鹦鹉螺”

B.潜水艇的颜色像鹦鹉螺

C.潜水艇的工作原理与鹦鹉螺相同

258.为什么熊猫会变成一个素食主义者？

A.厌倦了肉类
B.肉食稀少
C.消化功能的改变

259.熊猫最爱吃竹子的哪个部分？

A.竹叶
B.竹笋
C.竹节

260.熊猫“赶笋”经历了哪些季节？

A.冬季、春季、秋季
B.春季、夏季、秋季
C.夏季、秋季、冬季

261.地球上一共有多少种金丝猴？

A.3 种
B.4 种
C.5 种

262.拥有一身金黄的毛发的金丝猴是下列哪一类金丝猴？

A.川金丝猴
B.滇金丝猴
C.黔金丝猴

263.黑金丝猴是下列哪一类金丝猴？

A.缅甸金丝猴
B.川金丝猴
C.滇金丝猴

264.下列哪种金丝猴最晚被人们发现？

A.越南金丝猴
B.缅甸金丝猴
C.黔金丝猴

265.海南黑冠长臂猿属于下列哪一类动物？

A.猫科动物
B.爬行动物
C.灵长类动物

266.关于海南黑冠长臂猿的濒灭情况，下列哪一项说法是错误的？

A.世界最濒危的灵长类动物之一
B.中国最濒危的动物
C.野生族群数量少于 100 只

267.海南黑冠长臂猿濒灭的主要原因是什么？

A.人类猎杀

B.疾病流行

C.自然灾害

268.海南黑冠长臂猿生活在下列哪一个自然保护区？

A.霸王岭自然保护区

B.长白山自然保护区

C.卧龙自然保护区

269.下列哪一种老虎只在中国境内生存？

A.东北虎

B.爪哇虎

C.华南虎

270.距今多少年前，华南虎出现在了地球上？

A.1000 万年

B.500 万年

C.200 万年

271.据估计，现存野生华南虎数量不超过多少只？

A.100 只

B.30 只

C.10 只

272.发现华南虎踪迹的地方有什么共同之处？

A.河流众多

B.存在完好的森林

C.地势平坦开阔

273.台湾云豹名字的由来是什么？

A.如云朵一般纯白的皮毛

B.云朵形状的暗色斑纹

C.能在天空飞翔

274.从什么时候开始，人们再也没有见过活着的台湾云豹？

A.1972 年

B.1982 年

C.1992 年

275.关于台湾云豹的现状，下列哪一项是正确的？

A.台湾学者曾在某个观察点见到过台湾云豹

B.几十年来，仅有一个标本证明台湾云豹的存在

C.台湾学者对发现台湾云豹充满信心

276.下列哪一项不是导致台湾云豹可能灭绝的原因？

A.栖息环境被破坏

B.人类的捕杀

C.天敌的追猎

277.“四不像”的尾巴和下列哪一种动物相似？

A.驴

B.鹿

C.骆驼

278.麋鹿从下列哪个朝代开始，就已经很难在野外见到了？

A.唐

B.宋

C.汉

279.麋鹿是因为下列哪一种自然灾害而在中国境内绝迹的？

A.洪水

B.干旱

C.地震

280.下列哪个国家无偿向中国提供麋鹿？

A.美国

B.法国

C.英国

281.黑麂有几个亚种？

A.6 种

B.5 种

C.1 种

282.下列哪一个地区不属于黑麂的分布区域？

A.武夷山地区

B.东北地区

C.安徽南部

283.使得黑麂数量一再减少的原因是什么？

A.雨水的增多

B.森林的减少

C.疾病

284.关于麂这类动物，下列哪一项说法是正确的？

A.分 3 种

B.黑麂数量最多

C.赤麂数量最少

285.“沙图什”一词来源于下列哪一种语言？

A.阿拉伯语

B.古印度语

C.波斯语

286.一条重100克的“沙图什”披肩需要几头藏羚羊的绒毛？

A.1头

B.2头

C.3头

287.藏羚羊在哪个季节换毛？

A.春季

B.夏季

C.秋季

288.对藏羚羊的描述，下列哪一项说法是错误的？

A.奔跑速度慢

B.生活在青藏高原

C.警惕性不高

289.在传说中，天庭众神仙中，谁负责看管四只宝鸡？

A.太上老君

B.四大天王

C.王母娘娘

290.传说中褐马鸡的犄角是由什么转化而来？

A.花朵

B.钢针

C.树枝

291.关于褐马鸡的外表，下列哪一种说法是错误的？

A.黑褐色的羽毛

B.红色的脸颊

C.五彩斑斓的尾巴

292.下列哪一种品格不是褐马鸡所象征的？

A.勇敢

B.顽强

C.勤劳

293.在藏族哪一部史诗中，黑颈鹤是帮助格萨尔王的信使？

A.《古兰经》

B.《荷马史诗》

C.《格萨尔王传》

294.在中国境内，生活着几种鹤类？

A.9种

B.6种

C.3种

295.关于黑颈鹤，下列哪一项说法是错误的？

A.世界上唯一生活在高原的鹤类

B.中国体型最大的鹤类

C.世界唯一一只有着黑色羽毛的鹤类

296.下列哪一个地方没有黑颈鹤分布？

A.青藏高原

B.云贵高原

C.内蒙古高原

297.朱鹮是生活在哪一个洲的动物？

A.北美洲

B.亚洲

C.非洲

298.下列哪一项不是朱鹮的别名？

A.朱鹭

B.丹顶鹤

C.红鹤

299.朱鹮的巢穴一般安在什么地方？

A.高耸的悬崖上

B.高大的乔木上

C.低矮的灌木丛中

300.下列哪一种动物不是朱鹮的天敌？

A.蛇

B.黑熊

C.老鹰

301.“世界八大名贵蝴蝶之首”是谁？

A.枯叶蝶

B.帝王蝶

C.金斑喙凤蝶

302.下列哪一个省没有金斑喙凤蝶的亚种分布？

A.河北

B.广东

C.福建

303.关于金斑喙凤蝶，下列哪一项说法是错误的？

A.是一种大型蝴蝶

B.有金色尾突

C.大体呈金黄色

304.金斑喙凤蝶的金斑位于它的什么部位？

A.后翅

B.前翅

C.身躯

305.中国古籍中所记载的最早的王是谁？

A.黄帝

B.伏羲

C.屈原

306.关于“小青龙”，下列哪一项的说法是正确的？

A.是一条体型巨大的龙

B.有着白色尾巴

C.通体青色

307.“小青龙”是下列哪一个中国少数民族传说中的动物？

A.瑶族

B.傣族

C.彝族

308.莽山烙铁头蛇的头是什么形状的？

A.圆形

B.正方形

C.三角形

309.下列哪一个时代是恐龙称霸的时代？

A.古生代

B.新生代

C.中生代

310.关于扬子鳄的生活特性，下列哪一项说法是正确的？

A.只可以在陆地上生活

B.既可以在陆地上生活，也可以在水中生活

C.只可以在水中生活

311.关于扬子鳄的族群现状，下列哪一项说法是错误的？

A.野生扬子鳄数量稳定在1万只以上

B.人工养殖的扬子鳄数量稳定

C.安徽、浙江等地都有扬子鳄自然保护区和人工养殖场

312.扬子江的起始点是下列哪一个城市？

A.苏州

B.扬州

C.郑州

313.“水中大熊猫”指的是下列哪一种动物？

A.蓝鲸

B.白鳖豚

C.海豹

314.历史的白鳖豚曾广泛分布于下列哪一条河？

A.长江

B.黄河

C.鸭绿江

315.关于白鳖豚的生存现状，下列哪一项说法是错误的？

A.21 世纪初，仅存 400 头白鳖豚

B.20 世纪末，只发现了 5 头白鳖豚

C.白鳖豚已经濒临灭绝了

316.江豚的“泪水”实际是什么？

A.应激反应

B.情感流露

C.血

317.下列哪一项不是长江江面上的轮船给江豚带来的危害？

A.噪声

B.螺旋桨

C.水坝

318.下列哪一项不属于江豚想哭泣的原因？

A.饥饿

B.与同伴的争斗

C.同伴的死亡

319.江豚没有鱼吃的根本原因是什么？

A.水生植物减少

B.水体污染加剧

C.渔民的捕捞

320.娃娃鱼属于下列哪种动物？

A.鱼类动物

B.两栖类动物

C.爬行类动物

321.关于娃娃鱼的外形，下列哪一项说法是错误的？

A.头部圆而扁

B.身上长有黑色斑纹

C.四肢修长

322.娃娃鱼在水下用下列哪种器官呼吸？

A.腮

B.肺

C.皮肤

323.下列哪一项不是野生娃娃鱼越来越少的原因？

A.人类的捕杀

B.栖息地被污染

C.被人工繁殖的娃娃鱼侵占了栖息地

324.关于是否要保护濒灭动物，下列哪一项说法是正确的？

A.所有人都认为应该保护濒灭动物

B.保护濒灭动物，是人类应该负起的责任

C.濒灭动物不需保护

325.从下列哪一种动物的身上可以找到远古动物的特征？

A.湾鳄

B.扬子鳄

C.中华鲤

326.关于濒灭动物与其他物种的关系，下列哪一项说法是错误的？

A.保护濒灭动物就是保护人类自己

B.濒灭动物与生态环境相关

C.濒灭动物灭绝与否与其他生物无关

327.下列哪一种动物已经灭绝？

A.开普狮

B.美洲狮

C.亚洲狮

328.一只无线电项圈可以反馈几只动物的信息？

A.1 只

B.5 只

C.10 只

329.下列哪一项会干扰雌性濒灭动物受孕率？

A.无线电波

B.红外线光

C.紫外线光

330.下列哪一项不是无线电项圈的弊端？

A.信号不强

B.容易脱落

C.画面不清晰

331.下列哪一项不属于《华盛顿公约》的内容？

A.野生动植物贸易规定

B.兴建自然保护区

C.野生动植物名单

332.《华盛顿公约》中收录了多少种野生动物？

A.约 2000 种

B.约 3000 种

C.约 5000 种

333.下列哪一种动物是《华盛顿公约》中的Ⅰ级保护动物？

A.雪豹

B.美洲狮

C.猞猁

334.受地方性贸易限制的野生动物是哪一级保护动物？

A. Ⅰ级

B. Ⅲ级

C. Ⅱ级

335.下列哪种动物是四川卧龙自然保护区的主要保护对象？

A.扬子鳄
B.大熊猫
C.黑冠长臂猿

336.下列哪一项是造成野生动物族群数量下降的主要原因？

A.栖息地的破坏
B.树木的砍伐
C.草原的退化

337.下列哪一项不属于野生动物自然保护区的功能？

A.禁止野生动物与任何人接触
B.为野生动物提供庇护所
C.研究野生动物

338.关于自然保护区，下列哪一项说法是错误的？

A.大多数自然保护区既是动物保护区，又是植物保护区
B.自然保护区保护的是当地的整个生态系统
C.只有野生动物自然保护区，没有野生植物自然保护区

339.动物园里的东北虎是什么动物？

A.濒灭动物
B.人工圈养的动物
C.野生动物

340.汶川大地震后为什么要将自然保护区里的熊猫迁入动物园？

A.地震给保护区带来了巨大的破坏
B.熊猫数量下降至极度灭绝危险的状态
C.工作人员力不从心

341.将濒灭动物迁入动物园会造成什么弊端？

A.动物打架事件频发
B.找不到配偶
C.濒灭动物的野性会逐渐丧失

342.下列哪一项不是人类为保护濒灭动物所做出的努力？

A.颁布动物保护法令
B.建立自然保护区
C.鼓励野生动物贸易

343.关于人工繁殖，下列哪一项的说法是错误的？

A.人工繁殖只需要科学技术做保证

B.人工繁殖是指人为地参与动物的繁殖过程

C.人工繁殖是用科技干预动物的交配

344.人工繁殖的内容不包括下列哪一项？

A.人工授精

B.提供良好的生活环境

C.野化训练

345.下列哪一项不是影响人工繁殖成功率的因素？

A.动物的身体状况

B.科研人员的配合度

C.人工繁殖技术

346.关于亚马孙热带雨林，下列哪一项说法是错误的？

A.亚马孙热带雨林是世界上最大的热带雨林

B.亚马孙热带雨林全部在巴西境内

C.亚马孙热带雨林跨越了南美洲 8 个国家

347.下列哪一种动物不是雨林动物？

A.海獭

B.黑猩猩

C.箭毒蛙

348.下列哪一项不是热带雨林的作用？

A.调节气候

B.提供二氧化碳

C.净化空气

349.关于“湿地”，下列哪一项说法是错误的？

A.是有水的土地

B.是介于河流与陆地之间的一种自然景观

C.海洋是湿地的一种

350.湿地为什么适合两栖爬行类动物的生存？

A.寒冷的气候

B.沙质水滩

C.水陆兼备的生态系统

351.下列哪一种兽类是湿地动物？

A.麋鹿

B.东北虎

C.藏羚羊

352.关于湿地的生态环境，下列哪一项说法是正确的？

A.湿地生态环境的恢复能力很强

B.湿地的生态环境十分脆弱

C.湿地的水源减少不会影响湿地的生态环境

353.关于克隆，下列哪一项说法是错误的？

A.克隆不需要精子

B.克隆是一种有性繁殖

C.克隆是对体细胞的培养分化

354.下列哪一项不属于克隆动物的缺点？

A.出现变异形体

B.体质虚弱

C.易早衰

355.关于克隆濒灭动物，下列哪一项说法是正确的？

A.可以无节制地克隆濒灭动物

B.克隆濒灭动物目前可以操作

C.未来或许可以成功克隆出濒灭动物

356.恐龙统治了地球多少年？

A.6500 万年

B.1.65 亿年

C.16500 年

357.恐龙是下列在哪个生物时期灭绝的？

A.白垩纪

B.三叠纪

C.侏罗纪

358.复活恐龙的前提是什么？

A.有一只活的恐龙

B.有恐龙的基因

C.有恐龙的骨架

359.北京科学家在下列哪一种化石中找到了类似恐龙基因的东西？

A.恐龙头骨化石

B.恐龙蛋化石

C.恐龙躯体化石

360.现存陆地上最大的动物是谁？

A.亚洲象

B.非洲象

C.猛犸象

361.关于猛犸象的外形特征，下列哪一项说法是错误的？

A.有长长的象牙

B.体型巨大

C.身上的皮毛很短

362.科学家们准备使用下列哪一种技术复活猛犸象？

A.人工繁殖

B.体外授精

C.克隆

Mr. Know All
互动问答**答案**

001	002	003	004	005	006	007	008	009	010	011	012	013	014	015	016
B	B	C	A	C	B	C	A	C	A	C	B	A	B	C	C
017	018	019	020	021	022	023	024	025	026	027	028	029	030	031	032
A	B	B	A	A	C	C	C	B	A	B	B	A	C	B	B
033	034	035	036	037	038	039	040	041	042	043	044	045	046	047	048
C	B	A	A	C	C	C	B	A	B	A	B	C	C	A	B
049	050	051	052	053	054	055	056	057	058	059	060	061	062	063	064
A	C	B	A	C	C	B	A	C	B	C	C	A	C	B	A
065	066	067	068	069	070	071	072	073	074	075	076	077	078	079	080
B	C	B	C	A	B	A	C	C	A	C	B	C	B	C	B
081	082	083	084	085	086	087	088	089	090	091	092	093	094	095	096
A	B	B	C	B	B	C	A	C	B	C	A	B	C	A	C
097	098	099	100	101	102	103	104	105	106	107	108	109	110	111	112
B	C	A	B	A	C	C	B	A	B	B	C	B	B	C	C
113	114	115	116	117	118	119	120	121	122	123	124	125	126	127	128
A	C	B	B	C	A	C	B	C	C	B	C	A	B	C	C
129	130	131	132	133	134	135	136	137	138	139	140	141	142	143	144
B	C	A	B	B	C	C	C	C	B	B	B	C	C	A	C
145	146	147	148	149	150	151	152	153	154	155	156	157	158	159	160
A	B	C	A	B	B	A	C	C	C	B	B	A	A	B	B
161	162	163	164	165	166	167	168	169	170	171	172	173	174	175	176
C	B	C	C	B	C	A	C	B	C	B	B	A	A	C	A
177	178	179	180	181	182	183	184	185	186	187	188	189	190	191	192
C	C	A	C	C	C	C	A	C	C	B	A	C	B	A	C
193	194	195	196	197	198	199	200	201	202	203	204	205	206	207	208
B	B	B	B	A	A	C	B	A	A	B	C	C	A	C	C
209	210	211	212	213	214	215	216	217	218	219	220	221	222	223	224
A	C	C	B	A	C	B	C	A	A	A	C	B	B	B	A
225	226	227	228	229	230	231	232	233	234	235	236	237	238	239	240
C	B	A	B	C	A	A	B	A	A	C	C	B	B	C	B
241	242	243	244	245	246	247	248	249	250	251	252	253	254	255	256
C	A	A	B	C	B	B	B	A	C	C	B	C	C	A	C
257	258	259	260	261	262	263	264	265	266	267	268	269	270	271	272
C	B	B	B	C	A	C	B	C	B	A	A	C	C	B	B
273	274	275	276	277	278	279	280	281	282	283	284	285	286	287	288
B	A	B	C	A	C	A	C	C	B	B	A	C	C	B	A
289	290	291	292	293	294	295	296	297	298	299	300	301	302	303	304
B	B	C	C	C	A	C	C	B	B	B	B	C	A	C	A
305	306	307	308	309	310	311	312	313	314	315	316	317	318	319	320
B	B	A	C	C	B	A	B	B	A	A	A	C	B	B	B
321	322	323	324	325	326	327	328	329	330	331	332	333	334	335	336
C	A	C	B	B	C	A	A	A	C	B	C	A	B	B	A
337	338	339	340	341	342	343	344	345	346	347	348	349	350	351	352
A	C	B	A	C	C	A	C	B	B	A	B	C	C	A	B
353	354	355	356	357	358	359	360	361	362						
B	A	C	B	A	B	B	B	C	C						

孔雀雉

白犀

草原狼

野马

Mr. Know All

从这里，发现更宽广的世界……

Mr. Know All

小书虫读科学